**彩图1　仁用杏**

A. 杏叶；B.杏花；C.杏果；D.杏核；E.杏仁；F.杏模式图

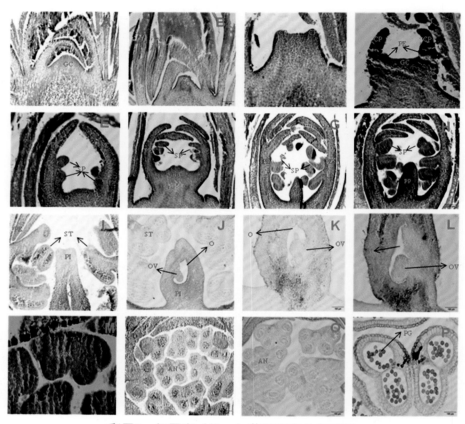

**彩图2 仁用杏'优一'花芽形态分化进程**

A. 未分化期；B. 分化初期；C. 花萼分化期；D. 花瓣分化期；

E. 雄蕊原基分化期；F. 雌蕊原基分化期；G~H. 雌蕊原基伸长；

I. 子房出现，柱头膨大；J~L. 胚珠出现；M~O. 花药出现与发育；

P. 花粉的产生

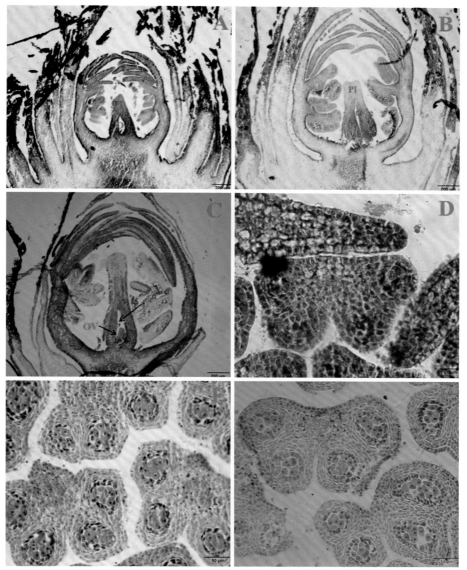

彩图3　仁用杏'优一'休眠解除进程

A.子房出现，柱头膨大；B.子房、柱头膨大；C.胚珠出现；D.花药出现；

E.花药发育成花粉囊；F.花粉囊中造孢细胞和药室内壁、绒毡层逐渐分离

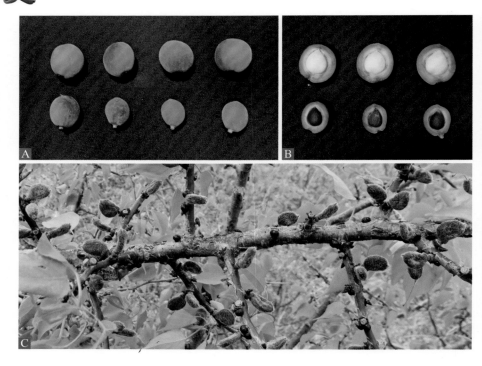

**彩图4　仁用杏果实冻害**

A.同纬度不同发育时期仁用杏果实冻害情况；B.同纬度不同发育时期仁用杏种核冻害
情况；C.冻害发生后期果实干瘪皱缩；D.冻害发生后干瘪的果实

彩图5　不同仁用杏砧木的嫁接亲和性

A.嫁接亲和性良好；B.嫁接形成的"大脚"；

C.嫁接形成的小脚；D.嫁接不亲和造成"流胶"

**彩图6　仁用杏良种苗木繁育**

A.仁用杏种核露白；B.仁用杏砧木种子开沟；C.种核播种和覆盖地膜；

D.仁用杏砧木破膜出苗；E.砧木苗；F.仁用杏砧木苗生长；G.仁用杏接穗；

H.仁用杏嵌芽接；I.嵌芽接嫁接芽萌发；J.方块芽接取芽方法；K.方块芽接嫁接成活；

L.仁用杏方块芽接植株；M.仁用杏良种嫁接苗春季生长情况

彩图7　仁用杏造林

A.定植穴标记；B.农用机械挖定植穴；C.挖掘机挖定植穴；
D. 人工挖定植穴及栽植；E. 定植后踏实；F. 定植后修树盘；G. 幼龄林相；
H. 定植后幼林铺设防草地布；I.梯田仁用杏成林情况；J.山地仁用杏成林情况

**彩图8 仁用杏间作**

A.间作花生；B.间作西瓜；C.间作辣椒；

D.间作油菜；E.间作红薯；F.不合理的间作——小麦

彩图9　仁用杏田间除草

A. 人工除草；B. 农用拖拉机除草；C. 防草地布结合割草机除草

| | CK | 氮 | 磷 | 钾 |
|---|---|---|---|---|
| **30天** | | | | |
| **60天** | | | | |
| **90天** | | | | |

彩图10　不同缺素处理下甜仁杏'优一'缺素症状表

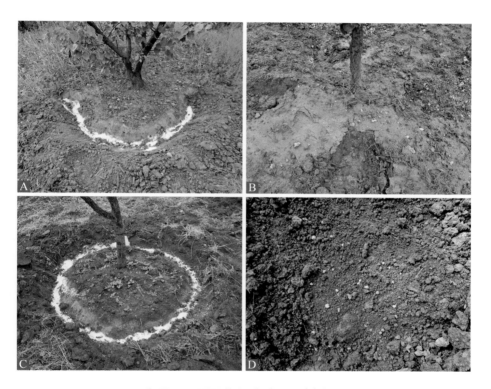

彩图11　不同施肥方法及肥料残留

A. 依地势半月形环状施肥；B. 放射状施肥；

C. 树冠外围圆形施肥；D. 不合理施肥造成肥料残留

**彩图12　仁用杏整形修剪**

A. 仁用杏自然开心形树形；B. 仁用杏冬季拉枝

**彩图13　仁用杏人工辅助授粉及幼果防冻技术**

A. 花瓣采摘；B. 雄蕊及花药分离；C. 花粉干燥；D. 人工辅助授粉；

E. 花芽遭受冰冻；F. 花期遭遇降雪；G. 遭受不同程度冻害的幼果（右一为正常果）；

H. 幼果期遭受晚霜后发育受阻；I. 建有防霜机的地块

**彩图14　仁用杏生产中常见的有害生物危害**

A. 李小食心虫；B. 杏球坚蚧（越冬期）；C. 杏球坚蚧（生长期）；D. 绿刺蛾；

E. 舞毒蛾；F. 根瘤病；G. 流胶病；H. 兔啃食新造林

彩图15　仁用杏低产林高接换头改造技术

A. 枝接接穗准备；B. 高接部位切削；C. 接穗切削；D. 接穗与砧木结合；

E. 枝接后绑缚；F. 整株枝接换头及伤口处理；G. 枝接换头后第1年；

H. 芽接换头方法；I. 换头3年树体

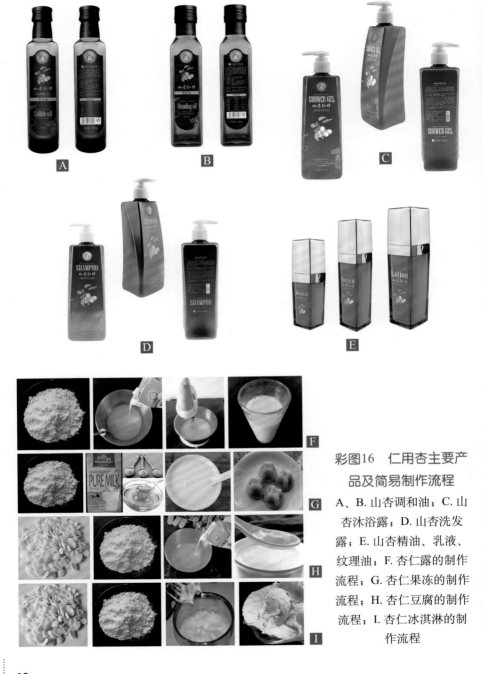

**彩图16　仁用杏主要产品及简易制作流程**

A、B. 山杏调和油；C. 山杏沐浴露；D. 山杏洗发露；E. 山杏精油、乳液、纹理油；F. 杏仁露的制作流程；G. 杏仁果冻的制作流程；H. 杏仁豆腐的制作流程；I. 杏仁冰淇淋的制作流程

# 仁用杏栽培
## 实用技术

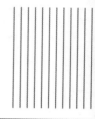

李芳东　乌云塔娜　朱高浦 ◎ 主编

中国林业出版社

**图书在版编目(CIP)数据**

仁用杏栽培实用技术 / 李芳东，乌云塔娜，朱高浦主编. —北京：中国林业出版社，2019. 1

ISBN 978-7-5038-9834-1

I. ①仁… Ⅱ. ①李… ②乌… ③朱… Ⅲ. ①杏－果树园艺 Ⅳ. ①S662. 2

中国版本图书馆 CIP 数据核字(2018)第 254838 号

责任编辑：李敏

| | | |
|---|---|---|
| 出版发行 | 中国林业出版社（100009　北京市西城区德胜门内大街刘海胡同 7 号） | |
| | 电话：(010)83143575　网址：http://lycb. forestry. gov. cn | |
| 印　刷 | 固安县京平诚乾印刷有限公司 | |
| 版　次 | 2019 年 1 月第 1 版 | |
| 印　次 | 2019 年 1 月第 1 次 | |
| 开　本 | 880mm×1230mm　1/32 | |
| 印　张 | 6 | |
| 彩　插 | 16 面 | |
| 字　数 | 188 千字 | |
| 定　价 | 46. 00 元 | |

# 《仁用杏栽培实用技术》
## 编委会

**主　编：** 李芳东　乌云塔娜　朱高浦

**副主编：** 赵　罕　宁明世

**编写人员**（按姓氏笔画排序）

| | | | |
|---|---|---|---|
| 王　淋 | 王志勇 | 王利兵 | 王秀荣 |
| 王治军 | 乌云塔娜 | 尹明宇 | 左丝雨 |
| 田　丽 | 白玉娥 | 白海坤 | 包文泉 |
| 宁明世 | 吕丽霞 | 朱高浦 | 朱绪春 |
| 刘梦培 | 刘慧敏 | 闫　杰 | 孙浩元 |
| 杜金松 | 李　慧 | 李芳东 | 杨途熙 |
| 何炎红 | 汪跃锋 | 张树林 | 陈　晨 |
| 苟宁宁 | 赵　罕 | 柳江群 | 侯豫顺 |
| 姜凤超 | 姜仲茂 | 秦　玥 | 徐克芹 |
| 徐宛玉 | 徐梦莎 | 黄梦真 | 傅大立 |
| 魏安智 | | | |

# 前　言

　　杏在植物分类上隶属蔷薇科(Rosaceae)李亚科(Prunoideae)杏属(*Armeniaca*)，是我国传统的五果(桃、李、杏、栗、枣)之一。我国是世界杏的起源中心，杏在我国的栽培历史有 3500 年以上，我国杏属植物有 10 种。杏按照用途和食用部位不同可分为鲜食杏和仁用杏两大类，其中鲜食杏是以果肉为主要用途的杏属植物，主要来自普通杏(*A. vulgaris*)，其典型特点是果实大，肉质软，纤维稍多，汁液多，甜酸适口；仁用杏是以种仁为主要用途的杏属植物的统称，主要包括大扁杏(*A. vulgaris × sibirica*)和西伯利亚杏(*A. sibirica*)，其主要特点是果肉薄而酸涩，粗纤维多，其中大扁杏种仁大而甜，西伯利亚杏种仁小而苦，饱满。

　　据统计，目前全国仁用杏分布面积 226 万 hm$^2$，其中栽培面积达 135 万 hm$^2$，并有持续增加的趋势。其中西伯利亚杏主要分布于内蒙古的东南部，河北北部，山西北部，辽宁西部及大兴安岭南部等，呈野生或半野生状态。大扁杏主产区主要有辽宁朝阳、内蒙古赤峰、河北张家口、山西大同和陕西榆林等。我国大扁杏的生产历史较短，于 20 世纪 60 年代开始种植，到了 90 年代才进入规模化发展时期，栽培面积和单产开始稳步提高，尤其是在冀西北地区迅速发展，带动了周边大面积种植和推广。我国经过半个多世纪的栽培实践，已培育出仁用杏良种约 60 个(其中甜杏仁良种约 53 个，苦仁杏良种仅

7个），总结出丰产栽培、综合利用等一系列实用技术。为了更好地发展仁用杏产业，我们编写了本书，其内容包括仁用杏的营养和保健价值、适生区区划、主栽品种、建园、繁殖、栽培、省力化采收、贮藏和加工技术等，并简要阐述了我国仁用杏的发展现状，分析了仁用杏产业存在的问题，展望了我国仁用杏产业未来的发展趋势。

本书由国家科技支撑计划课题"仁用杏和巴旦杏高效生产关键技术研究与示范（2013BAD14B02）"和中央级公益性科研院所基本科研业务费专项资金"仁用杏提质增效关键技术研究（CAFYBB2017ZA004-4）"共同资助完成，由课题承担单位中国林业科学研究院经济林研究开发中心与协作单位的有关专家共同编写。特别感谢洛阳农林科学院梁臣教授级高级工程师、辽宁省干旱地区造林研究所孟宪武研究员、张家口市农业科学院李克文研究员为本书提供资料及审稿，才使本书得以出版。

著作者

2018 年 8 月

# 目　录

前言

# 第一章

# 仁用杏概述

## 一、仁用杏简介

仁用杏是以种仁为主要用途的杏属植物的统称，包括大扁杏、西伯利亚杏、山杏等7种杏属植物。仁用杏又可根据种仁的甜味和苦味分为甜仁杏和苦仁杏，甜杏仁主要是大扁杏，其特点是种仁大而无苦味，果肉薄；苦仁杏主要为西伯利亚杏，主要特点是种仁小，但饱满，仁苦。仁用杏种仁富含油脂和蛋白质。

仁用杏是适合于我国三北地区发展的生态经济型干果树种、木本油料树种和植物蛋白饮料树种，具有很高的经济价值和生态价值。仁用杏耐干旱，适应性广，抗逆性强，在平原、山区、沙地，尤其在我国西部生态建设中是首选的先锋树种之一，仁用杏产业发展对推动三北地区生态经济建设、全面脱贫、加快"一带一路"绿色产业体系建设具有重要意义。

## 二、仁用杏的用途及价值

### （一）仁用杏的经济价值

1. 食用价值

杏仁是世界十大著名的坚果之一，是营养成分最丰富的坚果。富含人体所需的营养物质，如健康脂肪酸、优质植物蛋白质、多糖、食物纤维、维生素（B族、E、C、P）、苦杏仁苷，人体不可缺少的钙、磷、铁、硒和18种微量元素，广泛应用于食品、饮品、药品、化妆品及轻工业等方面。

杏仁中粗脂肪含量为 44%～59%，其中不饱和脂肪酸含量达 94%，饱和脂肪酸含量仅为 6%，不饱和脂肪酸含量高于大豆油、花生油、向日葵油、茶油、橄榄油，是一种优质保健油；蛋白质含量为 24%～34%，其中含有 18 种氨基酸，人体必需的 8 种氨基酸齐全，具有较高的营养价值；总糖含量为 13%，其中多糖占 5%，单糖和双糖占 8%，均为人体所需；杏仁中含有人体必需的多种大量和微量元素，其中人体常缺乏的钙、铁、锌均有一定含量，特别是钾的含量较高。因此，杏仁具有丰富的营养、防氧化、抗衰老、软化血管、清除体内垃圾等较好的预防及保健作用。

仁用杏种仁可作干果、食用油、杏仁露、杏仁霜、杏仁粉、杏仁茶、杏仁酪、杏仁酱，也可以作为配料用于夹心面包、糕点、糖果、冷食、冷饮中，或作盐渍杏仁罐头等；肉仁兼用的仁用杏品种果肉可以加工成杏干、杏脯、杏汁、杏酱、杏糖水罐头、杏青梅、杏话梅、果丹皮等，还可以酿造杏酒、杏醋。甜杏仁可作为干果炒食，如开口杏核、五香杏仁等。

2. 药用价值

中国南方产的杏仁属于甜杏仁（又名南杏仁），味道微甜、细腻，虽有较好的医用价值，南杏仁偏于滋润，治肺虚肺燥的咳嗽，但主要用于食用。而北方产的杏仁则属于苦杏仁（又名北杏仁），带苦味，多作药用。苦杏仁是我国的传统中药材，在我国使用已有上千年的历史。《本草纲目》记载，杏仁有"润肺脾、消食积、散滞气"三大好处。最早记载于《神农本草经》，其性苦，微温，有小毒，归肺、大肠经。杏仁的药用成分主要是苦杏仁苷、不饱和脂肪酸和蛋白质等，现代医学认为杏仁具有润肺、散寒、祛风、止泻、润燥之性能，通常用作止咳祛痰平喘药及解毒药，也可以作为治疗支气管炎、风寒肺病哮喘的良药。内服有滋润清泻解饥效果，可治疗胃肠黏膜炎及酸矸中毒，外用可作为皮肤脱落时敷料，能起保护皮肤的作用。

北杏仁用于降肺气平喘，治肺实的咳喘。目前大量的研究表明，杏仁富含的不饱和脂肪酸有益心脑血管和智力发育，同时还可以预防高血压、高血脂症和降低冠心病发病率等作用。杏仁含苦杏仁苷，化学式 $C_{20}H_{27}NO_{11}$，医学名 VB17，其中甜杏仁中含量较低，为 $0.23‰\sim1.89‰$；苦杏仁中含量较高，为 $27.0‰\sim77.7‰$。在食用范围内，它对正常细胞没有损害，相反可杀死癌细胞或抑制其生长。医学界发现杏仁中富含的苦杏仁苷能在生物体内降解生成苯甲醛进而转化成安息香酸和氰化物，能抑制和杀死癌细胞，缓解癌痛，可作为治疗癌症的辅助用药。苯甲醛对细胞有强烈的灭癌活性，可缓解癌症患者的疼痛。因此，杏仁是癌症的有效克星。我国很早就有用杏仁乳粥或杏仁茶治疗肠癌、肺癌、食道癌的记载。位于西太平洋的岛国——斐济，为世界上首屈一指的"长寿之国"，又有"无癌之国"的美誉，原因之一是当地人们膳食中常食杏仁。现今德国、意大利、比利时、墨西哥、日本和菲律宾等 20 余个国家认为，制造和使用苦杏仁苷治疗癌症是合法的，他们认为苦杏仁苷的功能在于给肌体提供低剂量而恒定的 HCN（氢氰酸），人和其他哺乳动物体内有一种硫氢酸酶，能使氰化物转变成硫氰酸盐，从而缓解毒性达到治疗的目的。从杏仁中提取的苦杏仁苷具有抗突变作用，能减少由安乃近、灭滴灵、丝裂霉素 C 等引起的微核多染性红细胞的数量。苦杏仁苷水解产物苯甲醛在体外以及在健康者或溃疡者体内，均能抑制胃蛋白酶的消化功能，提示其有抗溃疡作用。苦杏仁油还有驱虫、杀菌作用，体外试验对人蛔虫、蚯蚓有杀死作用，并对伤寒、副伤寒杆菌有抗菌作用。

杏仁是富含抗氧化物的天然食品，能增强人体免疫功能，具有保健作用。有研究报道，每周吃 5 次坚果就能降低心肌梗塞的发病率，因此，建议每人每天吃 6g 左右的坚果，杏仁（甜仁杏或经过脱苦处理的苦仁杏）排在首选地位。此外，杏仁还被指定为降低胆固醇的食品，如果每人每天吃 74g 杏仁（甜仁杏或经过脱苦处理的苦仁杏），低密度脂蛋白胆固醇可下降 9.4%。需要注意的是苦杏仁的临床用药一般为 3~10g，打碎煎服为主，若一次超过 60g 可导致呼吸

衰竭，甚至死亡。

3. 工业应用价值

杏仁油脂属于不干性油或半干性油，在 -10℃时仍然保持澄清，凝固点可低至 -20℃，可作为高级润滑油，被广泛应用于航空和精密仪器的润滑及高级涂料等；此外，仁用杏油是理想的生物燃料原料。研究表明，仁用杏的碘值在 96.61～104.71g/100g 范围，其中西伯利亚杏和普通杏的碘值在 100g/100g 以上，特征符合德国、中国和国际上通用标准；仁用杏的皂化值在 183.6～188.7mg/g 之间，符合德国凯姆瑞亚凯斯特公司对生物柴油菜籽油的皂化值要求，杏仁油十六烷值(51.81～53.99)也符合要求最高的欧盟标准。

杏仁核壳质地坚硬，空隙密度大，作为制造活性炭的高级原料，出炭率30%～36%；杏仁核壳活性炭吸附能力强，被广泛用于各种化学制剂、制药、制糖、食品、冶炼、环保等方面，也是印染、纺织等工业不可缺少的原料。仁用杏饲料和肥料：苦杏仁去油后剩下的杏仁粕含杏仁蛋白粉42%～48%，不仅是提取蛋白质的好原料，所剩糖粕可做饲料和肥料。

杏仁油在化妆品行业中应用潜力较大。杏仁油是一种滋润、保养皮肤效果极佳的植物油，抗氧化能力强，具有良好的预防衰老功能，可作良好的保湿滋润、防皱美白的护肤品；能迅速被皮肤吸收，能促进皮肤微循环，使皮肤红润有光泽。杏仁油也是常用的品质优良的基础按摩油，对于过度运动所导致的肌肉酸痛，若以杏仁油按摩可以加强细胞的带氧功能，消除自身疲惫以及降低肌肉中碳酸含量的积累量，具有很好的镇痛和减轻刺激的作用；杏仁油也有较好的美发护发作用，长期使用可以有效地改善掉发、发质粗糙、稀疏等问题。在化妆业中，杏仁油可用于制造保健按摩油和洗涤液等产品。维生素E保护机体细胞免受自由基的毒害，且降低皮肤斑点形成、保护皮肤免受紫外线和其他接触污染物的伤害、减少疤痕与色素的沉淀。

4. 观赏价值

杏是温带最早开花的经济林树种。每年 3～5 月，春风送暖，杏花吐蕊，一花引来万花开。春风送暖花开早，喜笑颜开赏杏花，杏花满园春意俏，纸鸢迎风舞蹁跹。共赏多彩春色，从"杏花节"开始。全国从南方到北方，如四川、新疆、河南、山东、北京、河北、内蒙古、山西、吉林、黑龙江等地，逐个举办以杏花为主题的"杏花节"或乡村旅游活动。

人间最美三月，成都青白江区福洪乡客家杏花村国家 AAA 级景区杏花全面绽放。万亩杏树结起洁白俏丽的花朵，一片杏花海引来了采花的蜜蜂。在春风里怒放的杏花摇曳生姿，漫山遍野的杏花正在等你赴一场与春的约会。

河北省承德市滦平县境内的金山岭长城，每年 3、4 月最适合极目远眺，登上雄伟壮观的金山岭长城，便能看到壮观的杏花海。长城内外杏花烂漫，将蜿蜒的长城装点得分外妖娆，被融入这缤纷的花海当中，俯瞰长城两侧，漫山遍野都是杏花，颜色绚丽，伴着微风阵阵，有浓郁的花香袭来，使人沉醉。

新疆伊犁新源县，4 月中旬，原始野杏林开满了美丽的杏花，花香飘万里，享受沐浴寂静的山林清凉新鲜的空气。远望杏林，青山绿水春意如潮，满山杏花圣洁如玉；踏入杏林，如同进入花的海洋，一簇簇杏花沾满枝头，像一只只粉蝶振翅欲飞，看一眼满目芳菲，闻一下沁人心脾，恍如置身于世外桃源，如梦如幻，流连忘返。

山西阳高县，4 月中旬，被如火似霞的杏花花蕾装扮，走在长城脚下横平竖直相间的林荫小道，无论是赏花拍照，还是漫步晒太阳，都令人无比惬意。人们爱杏花，更爱杏花盛开前的粉色浪漫，处处透着盎然的生机。随着时代的发展，越来越多的游客改变走马观花式的旅游方式，而更青睐于全城旅游，愿意在一个独具魅力的地方住下来，慢慢融入、体验、悉心感受、品味。

黑龙江省密山市兴凯湖——中国最北的举办国际杏花节的地方，每年 5 月初，百年野生杏树绵延十多公里，参天古杏枝干虬髯遒劲，山杏花竞相开放，千姿百态，漫山遍野都是杏花的芬芳，杏花全部绽放时，形成一片无际的杏花海。

吉林省松原市乾安县、吉林省通榆县境内的包拉温都自然保护区，万亩①杏花林，东西长40余公里连绵起伏的沙丘，生长着100多万株天然的山杏林，占地面积近2000hm²，是亚洲最大面积的天然山杏树林，繁花似锦，鲜果飘香，林间微风轻拂，枝条婆娑起舞，杏花争芳斗艳，简直就是一座大花园。

阳光四月，春风万里，吉大校园繁花盛开，花香四溢，吉林大学第三届"繁花初绽·杏好有你"杏花文化节活动，别具特色，包括"杏花签""杏花摹""杏花游""杏花影""杏花嬉""杏花形""杏花植""共享吉大杏花景·传递千里杏花情""杏花物语""三生有'杏'·印记有你""最美南岭书香地·大爱杏花开满园""风动杏林听春意·缘起花枝觅诗情""杏雨斜·杏花结""杏花飘·篮球火""足够'杏'运""'杏'福永驻""'杏'好有你""小杏运""春风拂杏花满枝·你是人间四月天""三生有杏·缘来是你""杏而知春·杏心相印""有幸遇到你·花开恰逢君""杏花飘香·绿色同行""共奏一支曲·共赏一枝花"等丰富多彩的杏花节活动。

### 5. 经济价值

仁用杏具有较高的经济价值。仁用杏的童期较短，一般水浇地栽植2~3年开始结果，4~5年即可进入初果期，6~7年进入盛果期，经济寿命可达上百年。亩产杏仁80~100kg，价值2400~3000元。仁用杏管理简单，每亩地生产资料（肥料、农药等）投入费用平均300~400元，水电平均200~300元，亩利润1900~2300元。综合加工后，可榨油22~36kg，价值2200~3600元，可提取杏仁蛋白10~16kg，价值500~800元；可获得杏壳160~260kg，可加工活性炭50~80kg，价值500~800元，亩产综合效益可达5000~7500元。在冀西北地区仁用杏被农民亲切地称为"不占地的粮，不吃草的羊，金豆豆，小银行"，当地政府提倡"人栽百株杏扁树，5年实现小康户。千亩杏树富一庄，万亩杏树富一乡。"山杏在结实盛果期正常年

---

① 1亩=1/15公顷，下同。

每亩产山杏核 150～200kg，产值 600～800 元。大扁杏在定植后第二年就见花，第三年每亩产杏核 20～50kg，盛果期每亩产杏核 150～300kg，高产园可达 400kg。杏仁中含有 50%～55% 的脂肪，出油率在 50% 以上，精制杏仁油在国际市场上供不应求，国际市场需求量很大。2008 年市场收购价为 4～5 元/kg，2011 年为 10～12 元/kg，2012 年则上升到 16～18 元/kg，从中可以看出，仁用杏市场收购价格一直处于上升的趋势。

**（二）仁用杏的生态价值**

干旱是制约植物生长发育的主要限制因子之一，目前世界上约三分之一的面积为干旱地区。据统计，我国的干旱、半干旱地区面积已达 $2.8 \times 10^5$ km²，占国土面积的 29.2%。此外，受全球变暖影响中国从 1908 年到 2007 年的近 100 年地表平均气温升高了 1.1℃，而冰川面积较 20 世纪 60 年代缩小 5.5%，预计到 2030 年中国西部地区缺水约 200 亿 m³，未来 40 年中国北方呈现出越发干旱的倾向，其极端干旱次数、强度和范围均呈增加趋势，这势必加剧我国水资源匮乏局面。因此，大力发展具有良好旱生适应能力的树种，可有效缓解我国水资源匮乏和生态环境恶化的矛盾。

仁用杏具有良好的耐旱能力，是良好的防风固沙绿化树种，在山区、平原、沙地和盐碱地上都能生长，在风沙严重地区，营造仁用杏林有很好的防风固沙效果。在干旱条件下，仁用杏可通过提高自身的水分利用效率、提高光补偿点和增加根冠比等自身适应性反应，来应对环境干旱的胁迫危害，同时在生长季不进行"光合午休"，使树体积累较多的干物质等方式提高自身的抗旱能力。研究表明，成年杏树可忍受约 2 个月的土壤极端干旱胁迫（土壤体积含水量 3.0%～5.0%），对幼树的盆栽试验可耐连续 7～10 天的极端干旱。河南洛阳、陕西榆林、山西阳高、河北承德、张家口、宁夏彭阳、甘肃庆阳、内蒙古鄂尔多斯、赤峰、通辽、辽宁朝阳、铁岭、吉林四平、黑龙江等地，均把仁用杏作为既防风固沙又有经济效益的首选树种。内蒙古、河北、山西、辽宁等地区也认准仁用杏是抗旱、

防风固沙、水土保持的优良树种，并正在打造仁用杏特色乡镇。

## 三、我国仁用杏的生产现状

### （一）仁用杏的栽培面积与产量

我国现有仁用杏面积约 135 万 $hm^2$，杏仁年产量维持在 30 万 t 左右。据《中国林业统计年鉴》2015 年统计结果，杏仁年产量约 29.33 万 t，其中甜杏仁 11.64 万 t，苦杏仁 17.69 万 t。根据统计数据，全国仁用杏主产区杏仁产量比较分析发现，苦杏仁产量以辽宁省为最高，13.61 万 t，占全国产量的 76.9%；其次为河北省，产量为 2.72 万 t；山西、陕西杏仁产量分别为 0.88 万 t 和 0.21 万 t。甜杏仁产量最高的省份为辽宁省，3.48 万 t，其次为河北、山西、内蒙古、北京等地，其产量分别为 3.03 万 t、2.02 万 t、1.47 万 t 和 0.56 万 t（表 1-1）。

表 1-1  2014、2015 年全国仁用杏主产区杏仁产量统计 　　　　t

| 省份 | 2014 年 | | 2015 年 | | 变幅 | |
|---|---|---|---|---|---|---|
| | 甜杏仁 | 苦杏仁 | 甜杏仁 | 苦杏仁 | 甜杏仁 | 苦杏仁 |
| 辽宁 | 33320 | 142171 | 34775 | 136067 | 1455 ↑ | 6104 ↓ |
| 河北 | 19948 | 23852 | 30263 | 27213 | 10315 ↑ | 3361 ↑ |
| 内蒙古 | 2121 | 12100 | 14688 | 840 | 12567 ↑ | 11260 ↓ |
| 陕西 | 10208 | 30248 | 4674 | 2052 | 5534 ↓ | 28196 ↓ |
| 山西 | 7871 | 4721 | 20163 | 8818 | 12292 ↑ | 4097 ↑ |
| 北京 | 3184 | 144 | 5573 | — | 2389 ↑ | — |
| 河南 | 2456 | 3350 | 1693 | — | 763 ↓ | — |
| 甘肃 | 1019 | 1470 | 1855 | 100 | 836 ↑ | 1370 |
| 新疆 | 400 | — | 2123 | — | 1723 ↑ | — |
| 贵州 | 1 | 22 | — | 1293 | — | 1271 ↑ |
| 宁夏 | 9 | 1525 | 11 | 197 | 2 ↑ | 1328 ↓ |
| 江苏 | — | — | 635 | — | — | — |
| 黑龙江 | — | 315 | — | 320 | — | 5 ↑ |
| 安徽 | — | — | 200 | — | — | — |
| 山东 | 139 | 65 | 119 | — | 20 ↓ | — |

（续）

| 省份 | 2014 年 | | 2015 年 | | 变幅 | |
|------|--------|--------|--------|--------|--------|--------|
| | 甜杏仁 | 苦杏仁 | 甜杏仁 | 苦杏仁 | 甜杏仁 | 苦杏仁 |
| 吉林 | 44 | — | 89 | — | 45 ↑ | — |
| 四川 | — | — | 75 | | — | — |
| 湖北 | 6 | 5 | 11 | — | 5 ↑ | 5 ↓ |
| 西藏 | — | 6 | | | — | — |
| 湖南 | — | 2 | | | | |

注："—"表示数据不足本表最小单位数、不详或无该项数据。

从 2014—2015 年全国杏仁的产量来看，2015 年甜杏仁的产量达 8.07 万 t，是 2014 年产量的 2.2 倍，而苦杏仁产量 22.0 万 t，较 2014 年降低了 1.9 倍。这种情况主要体现在几个主要仁用杏产区的甜、苦仁杏种植结构变化，即甜仁杏的种植面积逐步增加而苦仁杏的种植面积下降有关。河北、内蒙古、山西等三个省份的甜杏仁产量增产超过了 1.0 万 t，而苦杏仁的产量在内蒙古和陕西的产量降幅都超过了 1.0 万 t，其中陕西达 2.82 万 t。这可能是一方面与苦杏仁作为传统的中药材市场需求饱和及加工饮料、食材需要多一个脱苦的工艺流程有关，而另一方面随着甜杏仁无须脱苦处理，并广泛地应用在干果、糕点、点心等方面的需求大幅增加有关。

**（二）仁用杏产业发展存在的问题及对策**

**1. 生产中良种短缺**

目前仁用杏产业发展中存在的突出问题就是聚合抗晚霜危害、丰产、优质、仁大及抗病虫害能力突出的良种极度短缺。多年来，晚霜对杏花或幼果的危害十分严重，个别地区甚者造成"十年九不收"的严重后果，打击了林农种植积极性。因晚霜造成我国杏仁总产波动幅度过大，影响了我国杏仁出口贸易。因此，各地发展仁用杏生产，晚霜是首要考虑的限制因子。目前生产上经过连续的测试发现，'优一'和'围选 1 号'这两个甜仁杏品种的抗霜冻能力较强。据报道，'优一'花朵半致死温度为 −10.1℃，幼果半致死温度为

-4.5℃；'围选1号'花瓣过冷却点温度为-6.3℃，幼果过冷却点温度为-4.7℃。但这两个良种遇到较严重冻害年仍然减产或绝收；另外，大小年现象明显，难以满足不同地区的实际生产需要，亟须加快聚合多性状优良的仁用杏良种选育步伐。

2. 缺乏高效生产技术

一般情况下，经营水平愈低，良种的贡献率愈高。发达国家经济林良种和精准栽培技术对产业发展的贡献率各占50%。就目前而言，我国良种对经济林产业发展的贡献率为50%~80%，增幅已达上限，必须依靠高效培育技术促进现代林业产业升级。因此，依靠水、肥管理来达到增产已迫在眉睫，而仁用杏对营养元素需求方面的研究现还处于起步阶段。目前仁用杏需肥方面还面临着以下几个问题：一是仁用杏需肥规律不清晰；二是树体无损营养诊断技术不成熟等导致的施肥方案无法有效指导实际生产、"良种良法"难以有机结合等，导致仁用杏增产潜力难以继续提高。造成这种现象的原因主要在于林木的生长周期长、立地条件复杂，导致实验过程中受生长环境限制因素较多，实验条件难以准确调控等。同时，在实际生产和研究中，生产者和科研工作者往往忽略了仁用杏童期向成年期转变关键发育时期，导致仁用杏营养生长和生殖生长的平稳过渡受阻，树体养分积累和分配不均衡，形成"小老树"，引起树体早衰、授粉受精不良、抗逆性显著下降、产量不高，甚至树体死亡，这也是导致目前生产者种植积极性下降的主要因素之一。据统计，目前全国仁用杏平均亩产仅1.28kg，甜仁杏平均亩产虽然较高，但也仅16.92kg，且大小年现象严重，严重制约了产业的健康发展。通过合理的施肥技术不但可以促进仁用杏童期向成年期平稳过渡，同时使得成年期甜仁杏大面积区域试验平均产量达90kg/亩，这是目前平均产量的5倍以上，而且显著减轻了大小年现象的发生。而河北省蔚县常宁乡安庄村种植户夏××创造了'优一'亩产杏仁172.5kg的高产记录，增产潜力巨大。因此，加强仁用杏高效生产技术研究和应用是提高仁用杏产量的重要途径。

### 3. 全树综合开发利用技术不足

农业生产资料肥料、农药及劳动用工等成本连续上涨，但仁用杏杏核的收购价维持在 7.5~14 元/kg 的情况已经连续 30 年没有显著提高，甚至一再波动下浮，这极大地削弱了林农种植的积极性。究其原因，主要在于仁用杏综合加工利用技术的落后。目前现有的仁用杏相关的企业主要以生产杏仁露、开口杏核、蛋白粉、杏仁油等几种商品形式，加工工艺落后，产品竞争力弱，市场前景受限。一些地区，杏果加工过程中的杏肉、杏壳等没有得到利用，白白扔掉，导致仁用杏的产品附加值低，资源浪费严重。而邻国日本，利用杏仁富含丰富的不饱和脂肪酸、维生素等生产的杏仁精油每 100ml 的零售价高达 100 元人民币以上；杏果肉生产的清酒每瓶的售价高达 80~100 元人民币。因此，加强仁用杏相关产品的研发，开发具有广阔市场前景的产品，带动仁用杏原材料的收购价格，是促进仁用杏产业发展的重要环节。

## 四、仁用杏的种类及其生物学特点

### （一）大扁杏

大扁杏（*Armeniaca vulgaris × sibirica*）属于蔷薇科杏属落叶乔木，高达 6~8m，寿命达百年以上。定植后 3~4 年开始结果，6 年后进入盛果期，盛果期达 30~40 年之久。多年生枝树干灰褐色或紫灰色，纵裂或粗糙。叶片近圆形或长圆形，叶面平滑，夏季叶片平展，稀卷曲，叶缘为细锐单锯齿或粗钝状锯齿，主脉多呈黄绿色。花蕾白色或粉色，花 5~6 瓣（彩图 1）。果实呈扁圆形，近圆形或卵圆形，果肉薄，橙黄色或浅黄色（彩图 1），肉质硬，纤维多、粗，汁少，味酸涩或味淡，单果重 7.5~40g，成熟时缝合线一般较明显，不堪直接使用或食用品质不佳，离核，成熟时果肉多开裂，稀不开裂，果实生长发育期 80~90 天。核近椭圆形或卵圆形，核面光滑，大而扁，核壳较薄，出核率 16% 以上。仁扁平或微凸，味香甜，稀有余苦，干仁平均重 0.6~1.0g，出仁率约 30%。树体营养生长期 180~

200天，以花束状果枝或中短果枝结果为主。大扁杏生长快，结果早，根系发达，具有抗旱、耐瘠薄等优点，适合于干旱丘陵山区发展的生态经济型先锋树种。

### (二)西伯利亚杏

西伯利亚杏(*A. sibirica*)，落叶灌木或小乔木，树高1.5~5.0m，树冠开张。树皮灰暗色。小枝无毛，稀幼时具疏生短柔毛，灰褐色或淡红褐色。叶互生，卵形或近圆形，长(3)5~10cm，宽(2.5)4~8cm，先端长渐尖至尾尖，基部圆形、截形或心形，叶边缘有细钝锯齿，两面无毛，稀下面叶脉尖具短柔毛。叶柄长2.0~3.5cm，无毛，有或无小腺体。西伯利亚杏是先开花后长叶的植物，花芽与叶芽分离，花单生，直径1.5~2.7(3.2)cm，花梗仅有1~2mm。花萼呈紫红色，稀黄绿色。萼筒钟形，基部微被短柔毛或无毛。萼片长椭圆形，先端尖，花后反折。花瓣近圆形或倒卵形，白色或粉红色，雄蕊与花瓣近等长，子房被短柔毛。西伯利亚杏果实扁圆形或近圆形，直径1.4~2.9cm，黄色或橘红色，有时具红晕，被短柔毛。果肉干燥，肉厚0.4~0.6cm。成熟时沿缝合线开裂，味酸涩，微苦，不可食。离核，核扁圆形或扁椭圆形，两侧扁，顶端圆形，基部向一侧倾斜，不对称，表面平滑，腹棱宽而锐利，种仁味苦，稀甜。花期3~4月，果期6~7月。西伯利亚杏原产于我国东北和华北地区，多为野生或半野生状，在瘠薄而干旱、寒冷的环境下生长良好。

### (三)普通杏(肉仁兼用品种)

普通杏(*A. vulgaris*)，乔木，高5~8(12)m，树冠圆形、扁圆形或长圆形。树皮灰褐色、纵状裂。多年生枝浅褐色，皮孔大而横生。1年生枝浅红褐色，有光泽，无毛，稀有毛，有皮孔。叶片宽卵形或圆卵形，长5~9cm，宽4~8cm，先端急尖至短渐尖，基部圆形至近心形，叶片有圆锯齿，两面无毛或仅下面脉腋间具柔毛。叶柄长2~3.5cm，无毛或上面有毛，基部常具1~6个蜜腺。花单生，直径2~3cm，先于叶开放。花梗短，长1~3mm，被短柔毛。花萼紫绿色。萼筒圆筒形，外面基部被短柔毛。萼片卵形至卵状长圆形，先端急尖或圆钝，花开后萼片反折。花瓣5(6~8)，圆形至倒卵形，白色或粉红色，少数红色，具短爪。雄蕊20~45枚，稍短于花瓣，子房被短柔毛，花柱稍长或几与雄蕊等长，也有短于雄蕊和退化至花托之内现象，下部具柔毛。果实球形，近倒卵形，扁圆形或长椭圆形。直径2.5cm以上，最大达6cm以上。果皮为白色，黄色至橙黄色，常有红晕或红斑，微被短柔毛，成熟时如暴雨或土壤水分过多，会造成果皮开裂。果肉酸甜、多汁、有香气。离核或黏核，核卵形或椭圆形，两侧稍扁，顶端圆钝，基部对称，稀不对称，核表面稍粗糙，核面有纹或平滑，腹棱较圆钝，背棱较直立，腹面具龙骨状侧棱，种仁味苦或甜。花期2~4月，果期6~8月。稀10月。抗寒、抗旱、适应性强，耐瘠薄，休眠期短。

### （四）东北杏

东北杏(*A. mandshurica*)又名辽杏，落叶乔木，高5~15m。老干树皮木栓层发达，深裂，暗灰色，有弹性，嫩枝无毛，淡红褐色或黄绿色。叶片宽卵圆形至宽椭圆形，叶片5~15cm，宽3~8cm，先端渐尖至尾尖，基部宽楔形至圆形，有时心形，叶边具不整齐的细长尖锐重锯齿，幼叶两面有疏毛，逐渐脱落，老叶仅下面脉腋间具稀疏柔毛。叶柄长1.5~3cm，常有两个蜜腺。花单生。直径2~3cm，先于叶开放。花梗长7~10cm，无毛或幼时有疏生短柔毛。花萼带红褐色，常无毛。萼筒钟形，萼片长圆形或椭圆状长圆形，先端圆钝或急尖，边缘常具不明显细小重锯齿。花瓣近圆形或宽卵圆形，白色或粉红色，雄蕊30余枚，与花瓣等长或稍长。子房密被柔毛。果实近球形，直径1.5~2.6cm，黄色，阳面有红晕或红点，被短柔毛。果实多汁或干燥，味酸或稍苦涩，大果类型可食，且有香味。核近球形或宽椭圆形，长13~18mm，宽11~18mm，两侧扁，顶端圆钝或微尖，基部近对称，表面平滑或微具皱纹，腹棱钝，侧棱不发育，具浅纵沟，背棱近圆形。离核。种仁味苦，稀甜。花期4月下旬，果期7~8月。东北杏喜生于向阳的低山坡，灌丛间，疏林间。

### (五)政和杏

政和杏(*A. zhengheensis*)，落叶乔木，树高 35~40m，树皮深褐色，小块状裂，较光滑。多年生枝灰褐色。皮孔密而横生；1 年生枝红褐色，光滑无毛，有皮孔；嫩枝无毛，阳面红褐色，背面绿色。叶片长椭圆形至长圆形，长 7.5~15cm，宽3.5~4.5cm，先端渐尖至长尾尖，基部多截形，叶边缘具不规则的细小单锯齿，齿尖有腺体，上面绿色，脉上有稀疏柔毛，下面浅灰白色，密被浅灰白色长柔毛，几乎看不到叶片，叶背主脉有红、白两种类型；叶柄红色，长 1.3~1.5cm，常无毛，中上部具 2~4(6) 个腺体。花单生，直径 3cm，先于叶开放；花梗长 0.3~0.4cm，黄绿色，无毛；萼筒钟形，下部绿色，上部淡红色；萼片舌状，紫红色，花后反折；花瓣椭圆形，长 1.5cm，宽 0.8~0.9cm，蕾期粉红色，开后白色，具短爪，先端圆钝；雄蕊 25~30 枚，长于花瓣；雌蕊 1 枚，略短于雄蕊。果实卵圆形，单果重20g，果皮黄色，阳面有红晕，微被柔毛；果肉多汁，味甜，无香味，成熟时不沿缝合线开裂，黏核；鲜核重 3g，长椭圆形，长 2~2.5cm，宽 1.8cm，黄褐色，两侧扁平，顶端圆钝，基部对称，表面粗糙，有浅网状纹，腹棱和背棱均圆钝，几无侧棱，背棱有时两端或全部开裂，腹棱两侧于核面之间有从核顶至核基的一条深纵沟；仁扁椭圆形，饱满，味苦。2 月下旬芽萌动，3 月下旬开花，比梅开花明显迟，果实 7 月上中旬成熟，11 月下旬落叶。分布于福建政和县外屯乡稠岭山中海拔 780~940m 处。现有多株 240~300 年生半野生大树，大年树株产 150~200kg。

### (六)藏杏

藏杏(*A. holosericea*)，又名叫毛叶杏。乔木，树高 4~5(7) m，树姿直立或开张。主干红褐色，皮爆裂。多年生枝有刺，小枝细密，红褐色或淡绿褐色，幼时被短柔毛，老时逐渐脱落，1 年生枝无毛。叶片卵圆或长椭圆形，叶片 3.7~6.0cm，宽 2~5cm，先端渐尖或长突尖，基部圆形或浅心形。叶边具细小单锯齿，锯齿上具黑色排水孔。幼叶两面被短柔毛，尤以背面茸毛浓密，叶脉处被有红色细毛，逐渐脱落，老时毛较稀疏。叶柄长1.5~2.0cm，被疏柔毛，常有腺体。花蕾椭圆形，粉红色，无中孔。花单生，直径2.4~2.6cm，全花微向内扣，先于叶开放。花梗长0.2~0.3cm，密被白色短柔毛，花萼淡绛紫色，几无毛。萼筒钟形至粗筒形。萼片阔椭圆形，顶圆钝，淡绛紫色，被白柔毛，花开后强烈反折，花瓣近圆形，有小爪，瓣间有空隙，淡水红色，近瓣顶端处红色略深。雄蕊约30枚，花丝白色，花药土黄色。雌蕊1枚，花柱、子房及柱头均为淡黄绿色，花柱中下部有长白毛。花无香味。果实卵球形或椭圆形，两侧稍扁，果顶圆钝或稍尖，直径2~3cm，黄绿色，阳面有红晕，密被短柔毛。果梗4~7mm。成熟时果肉不开裂，果肉汁少，稍肉质，味酸，微涩。离核，核圆球形、卵状椭圆形或椭圆形，两侧稍扁，顶端急尖，基部近对称或稍不对称，表面平滑或微具皱纹，腹棱微钝。仁苦。本种果实较小，鲜食品质不佳，果肉可加工，仁可入药。原产西藏东南部和四川西部，以及云南的西北部。生于向阳山坡或干旱河谷灌木丛林中海拔2700~3800m处，为野生或半野生资源。现分布于西藏、四川、云南、贵州、甘肃、陕西等地。在河南和内蒙古有少量引种。在辽宁熊岳海拔20m处试栽，生长不良。

### （七）志丹杏

志丹杏（*A. zhidanensis*），落叶乔木，高5~10m。树皮暗褐色，纵裂。当年生枝绿色或砖红色，当年生枝和1年生枝密被灰白色柔毛。叶片圆形或卵形，长2.5~6.5cm，宽2~5.5cm。顶端急尖或短渐尖，基部圆形或近心形，边缘具圆钝锯齿；叶面主脉和侧脉具灰白色短柔毛，嫩叶背面脉上有稀疏的柔毛，脉腋处有毛丛；叶柄遍生灰白色的短柔毛，柄长0.8~2.5cm，基部具1~3个蜜腺。花双生，直径2~3cm；花梗长2~3mm，具柔毛，花萼杯状，基部外侧有柔毛，萼片卵形或卵状长圆形，先端急尖或圆钝，花后反折，花瓣圆形或倒卵形，白色或带红色，具短爪；雄蕊约50枚；子房被短柔毛。果实近球形，黄色有红晕，被短柔毛，直径1.5~2.0cm，果实成熟时不开裂，核卵形，略扁，直径1.4cm，顶端圆钝或稍尖，基

部不对称，表面平滑，腹棱稍圆，背棱龙骨状。分布于陕西省志丹县太平山区。

## 五、仁用杏的生长发育特性

### （一）根系生长发育特征

仁用杏根系物候期：大扁杏根系的生长活动早于地上部分。3月中下旬土壤温度在5℃时，细根开始活动，但生长速度缓慢。花谢后，根系生长加快，进入第一个生长高峰。5月下旬至6月下旬，当枝叶大量生长和果核硬化时，根系活动相对缓慢。果实采收后，地温在20~25℃之间，根系生长迅速，进入7月生长高峰。8月地温高于25℃，根系生长缓慢。9、10月，地温稳定在18~20℃时，根系进入第三个生长高峰，但生长量较小。11月后，地温下降到10℃以下时，根系生长缓慢，几乎停止生长。山杏，早春土壤温度为4.0~5.0℃时根系开始生长，仁用杏根系活动随着土壤温度的变化在一年中有3~4次高峰。黄淮、华北地区，仁用杏根系在春季3月中下旬土壤解冻后陆续开始活动，一年内大概有4次生长高峰期，分别为：5月上旬、6月下旬到7月上旬、9月上旬、10月下旬至土壤结冻前的11月上中旬。

仁用杏为深根性树种，根系分布比苹果、桃等树种深，幼根长度深达1.0m以上，杏苗垂直根系（主根）异常发达。成年期仁用杏主根系的发达程度除了与品种特性有关外，还与种植地的土壤和水分条件有关。水分条件好的地段如水浇地，根系分布较浅；土壤干旱，地下水位低的地方，根系分布较深，通常山地仁用杏比水浇地根系分布的要深得多。一般情况下，仁用杏成年大树的主根垂直分布在2.5m以上或更深，如多年生'广杏'主根可达7.4m，主根极其发达，具有显著的抗旱特性。在水平方向上，仁用杏根系的分布能力也较强，一般可达树冠面积的2倍以上，可有效防止雨水径流和水土流失。仁用杏根系在除了土壤分布，其解剖特性也表现出显著的抗旱特性。解剖结构显示，仁用杏根系细胞体积较小，细胞壁较厚，排列紧密，组织持水性能强。仁用杏虽然抗旱表现突出，但极不耐涝，尤其喜欢土壤通透性好的立地条件。研究表明，幼龄杏树积水 24h 就可能致死，成年树连续积水超过 3 天造成显著的胁迫症状。因此，仁用杏具有显著的抗风能力，且适应性广，耐瘠薄，适合在三北地区种植。

大扁杏的根系以须根、细根为主，粗根、大根相对较少。山杏幼树根系生长随着树龄的增加成倍增长，密集分布在地表 10cm 以下。不同地区、不同土壤条件，其根系发育和分布有所不同。如陕北榆林市与延安市的西部交界处的白于山的 10 年生大扁杏，根系集中分布于 30~80cm 的土层和距树干 50~180cm 的范围内。25~70cm 的土层和距树干 25~125cm 的范围主要以大根、粗根为主。垂直根集中分布于 75cm 左右的土层，最深有 270cm，约为树高的 0.8 倍。水平根以距树干何处最多，即树冠外围投影处根系最多，最远点约有 3m 多，约为枝展的 2 倍。河北省涿鹿县的 13 年生的大扁杏，根的水平分布：以树干为中心，根的水平分布可超过 2.5m，但根量大幅度减少。在东西向有一条根可达 4.5m，超过冠幅 2 倍以上。根的纵深分布：根的纵深分布随着土的加深而减少，最深可达 1.5m 以外，而且大部分集中于地表。在各类根中，以须根占的比例最高，在不同深度和不同距离，均表现于同一趋势。粗根则在任何位置所占比例均少，但随着土层的增加而有增加的趋势，粗根形成根系骨架，这与地上枝条生长发育呈正相关，即形成骨架枝粗而少，形成结果部位枝多。陕西延安洛川县 2 年生杏树的根系密集分布区在距地面 10~40cm 的土层，分布根数占总根数的 87.7%，在 40~70cm 的土层有少量分布，分布根数占总根数的 12.3%，70cm 以下和 10cm 以上为无根分布区。3 年生杏树根系密集分布区在距地面 10~60cm 的土层，分布根数占总根数的 80.8%，60~90cm 的土层根系分布较少，占总根数的 19.2%，90cm 以下和 10cm 以上为无根区。10 年生左右山杏根系可分为三部分：表土 10cm，由于受地表温度、水分、耕作等影响，根系分布较少，该区称为表土少根区；在 10~

90cm 的上层内根系分布较均匀，而且绝大多数根系均在此区域内。该区域可称根系均匀集中分布区；90cm 以下区域根系分布与第二区域相比根系相对较少，但与其他树种（如：苹果、桃、山楂等）同深度层相比相对较多。这可能是杏树抗旱、耐瘠薄的原因之一，该区域可称深层少根区。黑龙江西部杜尔伯特蒙古族自治县境内的 8 年生山杏根系大体上呈现下凹线分布，在 0~10cm 土层细根分布总体比粗根多，≤1mm 的根系在垂直分布上在此层最多。而 40cm 以下土层中植被根系仅有 3~5mm 和 1~3mm 量更少，≤1mm 几乎没有发现。陕北地区 8 年生仁用杏和西伯利亚杏树种根系分布均呈浅根系，水平分布较垂直分布广。仁用杏垂直分布主要集中于 25~100cm 深的土层，西伯利亚杏集中于 50~125cm。根系垂直分布中，仁用杏的根系最浅，西伯利亚杏最深。水平分布中，仁用杏根系主要集中于距树干 225cm 的范围内，西伯利亚杏集中于距树干 250cm 的范围内。根系水平分布中，仁用杏的根系分布范围最小，西伯利亚杏最大。

### （二）枝条及叶片发育特征

仁用杏枝条发育适宜温度为 20.0℃。仁用杏的叶芽着生在枝条顶端和基部，多为单芽，具有早熟、容易萌发的特点，但越冬芽的萌芽率和成枝力弱，属于较弱的核果类树种。仁用杏是典型的先花后叶树种，春季开花期结束后叶芽陆续萌发，在黄淮流域每年的 3 月下旬至 4 月上旬萌发，展叶后抽枝生长。造林后新梢当年生长量可达 2.0m 以上，行距较小的栽培模式会迅速形成郁闭，影响通风透光，这是仁用杏提倡采用"窄株距宽行距"的主要原因。进入结果期后新梢的生长量大幅度下降，一年内有 2~3 次生长高峰。仁用杏为"全速生长类型"的树种，其叶片光合能力强，生物量积累快，单叶有效光合能力时间可达 150 天以上，90% 以上的叶面积在萌芽后的 50~60 天内形成。仁用杏叶片典型的生理特征是叶片表面覆盖有较厚的蜡质层，使杏叶不易脱水，抗旱能力强。仁用杏为强喜光树种，不耐阴，生长期宜保持较好的光照条件以增加光合产物的积累。

### （三）花芽分化特征

仁用杏花芽分化适宜温度为 20.0℃，花期适宜温度 7.5~

13.0℃。了解花芽分化特点及规律，对于促进杂交育种、调控自然休眠、抵御自然灾害等具有重要的指导作用。仁用杏为当年花芽分化，第二年开花结果，花芽形态分化集中在6月下旬至9月下旬。仁用杏花期一般在3月下旬至4月上中旬。仁用杏花芽形态分化所需时间较短，从果实采收后，7月上旬开始分化，2周左右进入花萼分化期。从7月下旬至8月上旬，持续3周左右，进入花瓣分化期。从7月底至8月上旬，约有2周的时间，8月上中旬为雄蕊分化期，持续2周左右。8月中下旬为雌蕊分化期，2周左右。一个花芽分化约需经历2个月。

仁用杏花芽分化包括分化初期、花萼分化期、花瓣分化期、雄蕊分化期、雌蕊分化期、性器官分化等阶段。花芽分化过程中会出现分化不同步的现象，即不同分化时期会出现重叠现象，但会有分化高峰期。以仁用杏'优一'为例，7月中旬进入分化初期，7月下旬至8月中旬达到分化高峰期，9月初进入雌、雄蕊分化期，之后，花芽内花瓣、花萼等器官仍继续增长，且雌雄蕊原基进行进一步的组织分化。在12月中下旬即进入休眠前，花芽心皮原基已分化形成子房，向上伸长生长形成花柱和柱头，雄蕊原基分化形成蝶形花药，且四室/二室的各角逐渐分化出孢原细胞以及出现造孢组织的分化而发育成花粉囊。次年1月底结束休眠后，雌雄配子体继续发育，逐渐形成花粉粒和胚珠。

采用目前需冷量统计的0~7.2℃模型，统计12月下旬至2月初日平均温度位0~7.2℃的低温累积时数作为需冷量发现，仁用杏'优一'休眠解除的所需的低温累积时数约为720h，华北平原区普通桃需冷量为900~1000h，长江流域普通桃需冷量为800~900h，可以看出仁用杏'优一'需冷量比华北平原区和长江流域的普通桃树需冷量小很多。总之，仁用杏'优一'在2月初花芽开始解除休眠，而临近的普通桃在2月下旬才开始解除休眠，其时间明显晚于仁用杏，因此仁用杏的休眠期通常较短。

通过比较仁用杏和普通桃花芽形态分化进程发现，仁用杏'优一'花芽分化开始的时间比普通桃早，使得后续分化时期也比普通桃早，且仁用杏比普通桃开花时间早15~30天，花芽分化起始时间的早晚能一定程度上影响开花时间的早晚。'优一'花芽在12月中下旬即进入休眠前，花芽心皮原基已分化形成子房，向上伸长生长形成花柱和柱头，雄蕊原基分化形成蝶形花药，且四室/二室的各角逐渐分化出孢原细胞以及出现造孢组织的分化而发育成花粉囊（彩图2）。次年1月底结束休眠后，雌雄配子体继续发育，逐渐形成花粉粒和胚珠（彩图3）。'优一'的胚珠于休眠解除后形成，而'龙王帽'胚珠于进入休眠前就已形成，以及'优一'雄配子体的发育比'龙王帽'晚15天左右，且'优一'花期比'龙王帽'晚2~3天，花期抗寒性比'龙王帽'强，故雌雄配子体发育早晚可能与花期早晚和抗寒能力有密切关系。仁用杏'优一'雌雄配子体的形成和发育比观赏桃要早，且开花时间比观赏桃早，雌雄配子体的形成和发育为开花打下了生物学基础。因此，雌雄配子体发育的早晚和花期的早晚有密切关系。

仁用杏根据次雄蕊长度将花分为四种类型：雌蕊高于雄蕊、雌蕊和雄蕊等同、雌蕊小于雄蕊、雌蕊败育。前三种花可以结实，称为完全花，第四种花不能结实，称为不完全花。入夏后平均气温达到20~25℃时雄蕊开始分化而雌蕊的分化则在平均气温15~17℃之间开始，在10~12月旬平均气温7.9~5.7℃时花芽仍在分化，不仅有体积的增大，也有组织分化。冬季高温或波动的日温以及夏秋干燥的条件很可能是畸形发生的因素，杏畸形花与冬季休眠期高温（5天以上）有关。杏花芽分化受到环境因素的直接影响，如低温，从而形成部分败育的僵芽、小芽和褐变芽等，直接引起不育。大扁杏花发育的不同时期，其抗寒性的强弱程度不同。花蕾的抗寒温度在-10.9~-7.0℃，盛花的抗寒温度在-3.0~-2.8℃，临界半致死温度为-5.5℃。仁用杏花本身的抗寒性可能与它的发育进程有关，发育停止愈迟，抗寒能力愈差。同一朵花不同组分的抗寒性大小为花瓣>雄蕊>雌蕊。雌蕊是花器官受冻的最敏感部位，一旦雌蕊受冻，整个花就失去结果的能力。因此，可以通过提高树体营养和选育抗寒品种来有效地抵御春寒，避免因冻害造成大量减产。

**（四）果实发育特征**

仁用杏果实生育期大致为 90 天，杏仁生育期为 50 天左右，20.0℃的气温为果实发育的适宜温度。仁用杏授粉后约 4 天产生受精卵，10 天后形成球状胚，15 天后子叶开始分化，20 天胚乳细胞消失，25 天子叶增大，45～50 天种胚真叶分化。仁用杏的果实发育大致可分为三个时期：迅速生长期，即种核生长、胚乳形成期，历时 1 个月左右；缓慢生长期，即硬核期和种胚生长期，约需 3 周；第三个时期为第二次速生期，即果肉生长、成熟和种胚成熟期，约需 1 个月。整个果实发育周期经历 80～90 天，黄淮流域通常 6 月中旬仁用杏成熟收获。由于仁用杏核大，果肉较少，核仁发育消耗营养较多。所以仁用杏的果实生长发育期依据果实纵横径的增长速度可分成两个时期：果实迅速生长期和果实缓慢生长期。仁用杏杏仁生长发育，在果实与果核即将缓慢生长时开始快速发育，约 3 周后，生长减缓，持续至果实成熟。

仁用杏果形动态在前期指数较大，随着果实生长，递减明显，在进入果实、果核缓慢生长发育期、杏仁开始发育期时，递减趋势变缓，果形指数的变化在整个发育过程中表现出两个明显阶段，与果实纵横径动态变化趋势吻合。指数变化表明，果实前期纵径生长量大于横径生长量，果形指数较大；随着果实生长增大，横向生长量增大，果形指数随之减小，果实形状趋于稳定。

仁用杏具有显著的落花落果生理习性，不利的气象条件加剧这一现象的发生概率。研究发现，仁用杏第一次生理落花是在开花期结束后进行，发育不良、授粉受精不良的花首先脱落，形成落花高峰。14～21 天后受精不良的幼果开始脱落。这种落花落果的生理习性，起到了一定的自然疏花疏果作用，但在实际生产中，华北地区仁用杏的花期较早，其开花期和幼果期往往和晚霜相遇，致使幼果遭受低温冻害而大面积脱落，造成重大的经济损失，这困扰是仁用杏生产的主要技术难题，生产中尤当注意。

### （五）花果抗寒性

我国主栽仁用杏花器抗寒性由强到弱为'优一''白玉扁''一窝蜂''龙王帽'。仁用杏不同时期、不同部位、不同低温下，花的抗寒力大小为：蕾期＞盛花期，花瓣＞雄蕊＞雌蕊，临界半致死温度为－5.5℃。出现这种情况说明了花本身的抗寒性与它的发育时期和发育迟早有关。在蕾期，花瓣包着雌蕊、雄蕊，起着保护作用。在盛开期，由于雌蕊、雄蕊全部外露，此时，如果出现霜冻，首先受冻的为雌蕊，其次为雄蕊，最后为花瓣，因雌蕊发育停止迟，且较幼嫩，水分含量高，所以极易受冻害。不同品种的抗寒性不仅与它们的起源地生态条件相关，也与其生长的生态环境及植株发育状况关系密切。通过对不同生态群品种的花期晚霜冻害田间调查研究表明，抗寒性的强弱顺序是华北生态群特早熟试管品种群＞华北生态群老品种＞欧洲生态群。晚霜对杏树的危害程度受树势、树龄及管理水平等因素的影响，受晚霜危害程度由重到轻的顺序为：树势弱、树势过强旺长树、树势中庸树，晚霜危害程度幼龄树＞衰老树＞盛果期树，树体营养不良落叶早的树则霜害严重。同一品种不同时期的抗寒性强弱顺序为花芽膨大期＞花蕾期＞始花期＞盛花期＞幼果期，在同一朵花中，抗寒性强弱顺序为花瓣＞雄蕊＞雌蕊，在同一低温条件下柱头的积累冻害率高于子房，子房上部的冻害比下部重。仁用杏花蕾抗低温温度为－11～－7℃，盛开花抗低温温度为－6～－3℃。以上研究结果说明杏花器官抗寒性与其本身所处的发育时期和发育迟早密切相关。同一品种不同的器官抗寒性不同。仁用杏一年生枝条的抗寒温度范围在－40～－35℃，花蕾抗寒温度为－8～－7℃，盛开花朵抗寒温度在－6～－5℃，幼果抗寒温度是－5～－3℃。同一品种不同器官间的抗寒性由强到弱的顺序为：1年生枝条＞花蕾＞盛开花朵＞幼果，幼果的果肉与胚的抗寒性为果肉＞胚。枝条不同组织的抗寒力由弱到强的顺序为：髓＜形成层＜初生木质部＜次生韧皮部＜次生木质部＜初生韧皮部。

# 第二章

# 仁用杏区划及主要栽培品种

## 一、仁用杏适生区

### (一)仁用杏的自然分布

通常把我国的杏属植物分为9种,其中普通杏在我国分布区域最为广阔,遍布暖温带、温带、寒温带及高原亚温带湿润气候,北纬25°52′~46°38′、东经82°06′~131°08′之间的广大地区,遍布东北、华北、西北及西南地区20个省(自治区、直辖市),主要生长于低山丘陵、土石山地、黄土高原、高山峡谷及谷底等。普通杏分布的北限为黑龙江省鹤岗市至新疆塔城一带,南限从江苏省徐州到云南省大理一带。普通杏杏仁大部分为苦杏仁,但也有些品种的杏仁为甜杏仁,如新疆小白杏杏仁,常用于开口杏杏核的原料。

根据文献记载和实地踏查的结果,仁用杏在我国分布区域广阔,主要分布在长江以北的广大区域,集中分布在三北地区,南方较少。大扁杏主要分布在西北、华北和东北的南部,集中分布在我国温带地区的河北张家口、承德、辽宁朝阳、北京延庆、山西大同等地,大扁杏或华仁杏在我国冬季严寒的黑龙江富锦(47°15′N)、明水(47°03′N)、吉林白城(45°30′N)、内蒙古大青山以南至新疆哈密和托里一线以南都有分布,目前,全国除上海、海南和台湾没有大扁杏树分布报道外,其他省(自治区、直辖市)都有分布与栽培。西伯利亚杏分布在我国温带和暖温带地区,北纬37°17′~50°24′、东经105°56′~130°20′,遍布我国三北地区11个省(自治区、直辖市),北缘为内蒙古根河市和黑龙江省黑河市一线,东限在黑龙江省林口县

至葫芦岛市一带，南限在河北省保定市到宁夏区中卫一带，主要分布于低山丘陵区和固定半固定沙地等地。西伯利亚杏和普通杏垂直分布上、下限随着地理纬度的增加均呈现降低的趋势，随经度的增加有逐渐减小的趋势，但东北杏垂直分布上、下限随经度的增加有逐渐增高的趋势。辽杏在我国分布区域较小，在我国温带和寒温带地区生长良好，主要分布于辽宁省、吉林省和黑龙江省低山阳坡，整体上呈斑块状，零星分布。

**（二）仁用杏对自然条件的要求**

仁用杏具有显著的抗旱、耐瘠薄、适应性强等的特性。在浅山丘陵、黄河故道河滩、平原等地均能栽培。但适宜仁用杏生长发育的生态条件一般认为年均气温在 6～16℃，全年无霜期 125 天以上，生长季节年有效积温 2700℃以上，光照充足，年日照时数在 2700h 以上，年降水量 350~750mm 的地区均可发展。

**1. 温度**

仁用杏对温度的适应性较强，全年无霜期 125 天以上，生长季节≥10℃的年有效积温在 2700℃以上，才能保证仁用杏的正常生长和发育。仁用杏是耐寒的果树，对冬季低温具有较强的抵抗力，在休眠期能耐 −30℃以下的低温。仁用杏也能耐较高气温，夏季平均最高气温达 36.3℃，绝对最高气温达到 43.9℃，仍能正常生长结实。仁用杏需冷量是比较小的植物，但也要求满足 7.2℃以下 700~1000h 的低温春化才能解除休眠，恢复正常的生理机能。

已萌动的花器官对低温很敏感，一般的仁用杏品种花期如遇 −1.9℃以下的低温、幼果期遇 −0.6℃以下的低温可受冻害，因此预防晚霜危害就成为生产中的主要问题。根据笔者多年的观察发现，对于蔷薇科这种先开花后展叶的植物（如李、杏、桃等），其诱导开花的成花素合成和长距离转运的成花诱导与单子叶植物（如拟南芥）在子叶中合成成花素、然后转运到茎顶端诱导开花不同，在仁用杏等蔷薇科植物中可能存在着与目前发现的诱导植物开花的光周期途径、赤霉素途径、自主途径和春化途径不同的第五个途径——高温诱导途径。原因是我们在研究中发现，当西伯利亚杏度过冬季 600～800h 冷诱导休眠期，连续 5～7 天温度持续大于 15℃即可诱导开花。因此，我们认为当西伯利亚杏度过冬季生理休眠后，高温是诱导成花素丰度的主要诱导途径之一，而在北方的春季这种情况时常发生，因此往往导致仁用杏的花期和幼果期提前，而每年此时北方易受西伯利亚冷空气的南下侵袭形成晚霜重创仁用杏的产量，生产中尤应引起重视。

总体上，温度是影响仁用杏物候期的主要限制因子。土壤温度在 4～5℃仁用杏根系开始生长，温度 7.5～13.0℃进入盛花期，气温稳定在 11.0℃左右杏果开始生长；仁用杏花芽分化在果实采收后，适宜温度在 20℃左右；落叶期在 1.9～3.2℃。

2. 光照

仁用杏为强喜光树种，在光照充足的情况下 [光照强度可达 $2500\mu mol/(m^2 \cdot s)$ 左右] 仁用杏生长季无光合抑制现象发生，保持了全速生长树种类型的高光合效率、高生物量积累能力；在光照不足的情况下，枝条徒长，营养生长旺盛，生殖生长受阻，内膛枝枯死、花芽分化减少、败育花增多，光合产物不足，激素合成失调，造成树体结果晚、产量低、品质差等。因此仁用杏的适宜栽植立地为阳坡、半阳坡等光照充足的地方，年日照时数要求在 2700h 以上的地区。因此，仁用杏修剪的重要原则使树体通风透光。

3. 水分

仁用杏是一种耐旱恶涝的果树，在年降水量 350～750mm 的区域均可正常生长发育，尤其在年降水量 450～600mm 的区域生长最为适宜。仁用杏之所以能抗旱是因为有发达的主根系，能吸收深层土壤 7.0m 以下的水分。叶片气孔密度大，每平方毫米约有 452 个气孔，是苹果的 2 倍，有极大的蒸腾吸取能力，与强大的吸水能力相配合，具有良好的保水性能，使获得的水分得到充分利用。同时，仁用杏叶片较其他杏品种小，并在树干、枝条、叶片等表面会形成一层蜡质层或短绒毛，有效地防止了水分的蒸腾和空气对流散失，说明叶

片组织具有很强的抗脱水能力，具有典型的旱生植物特征。

仁用杏虽然具有较强的耐旱能力，但绝不意味着它不需要适当的水分保证。由开花到枝条的第一次生长停止，这时期如果有100mm左右的降水，将保证枝条的正常生长。当土壤体积含水量降到4.0%~5.4%时，杏树枝叶即会出现萎蔫现象，连续超过7~10天叶片脱落，生长受阻，甚者引起树体死亡。通常情况下，丰产杏园土壤体积含水量降到6.0%以下时应及时补充土壤水分。硬核期是杏需水的临界期，此时期的水分状况对当年产量有严重影响，此时期正是杏胚胎迅速发育期，此时期有充分的水分供应，可以减少落果，明显提高果实产量。仁用杏是不耐涝的果树，杏园积水超过3天以上，会引起黄叶、落叶，时间再长则会引起根系腐烂，导致树体死亡。

4. 土壤

仁用杏对土壤要求不严，但以疏松的轻质土壤最适宜。喜欢砂性土并很好生长发育，可获得较高的产量，不适应在过黏重土壤中生长，特别在有硬土层的黏土上根系发育不良。仁用杏喜欢中性或微酸性土壤，最适宜的土壤pH值7.0~7.5，但在pH值6.5~8.5的范围内都能正常生长发育。仁用杏耐盐碱，适应的土壤含盐量范围为0.1%~0.2%，当总盐量超过0.24%时，则表现某种程度的毒害，导致叶缘焦枯，严重时也会全株死亡。仁用杏最忌排水不良土壤，地下水位要稳定在1.5m以下。仁用杏对蔷薇科"重茬"地块反应敏感。在老杏园或栽过桃、李、樱桃等核果类的"重茬"土地上栽植仁用杏，常发生再植病，表现树体生长缓慢，发育受阻、易发生根部病害，严重时幼树死亡。引起再植病的原因很多，主要是前茬在土壤中遗留的一些分泌物抑制新植树的生长，再植地块土壤中有害病菌和害虫累积，及有益营养元素不足、有毒元素累积等共同作用，引起结果晚，产量低，质量差，效益不能保证，因此仁用杏园的选择及育苗圃地的选择尤为注意，避免"重茬"，生产上对老杏园地采取轮作改良一般应隔5年以上才能进行仁用杏生产活动。

5. 地势

仁用杏对地势要求不严格，在35°以上坡地、平地、河滩地，或者在海拔1000m以上的高山都能正常生长。平地由于土壤、气候条件变化不大，水土流失少，有利于树体生长发育，其树体大、枝叶繁茂、产量高。山地由于海拔高度不同，气候、土壤条件也不一致，但在通风、日照和排水等方面都比平原地优越。中低山区、丘陵地是建仁用杏园的理想位置。由于仁用杏树开花早，山地谷底和山坡底部空气不流通的盆地等地形易集结冷空气，容易发生晚霜冻，出现冻花、冻果现象，影响产量。因此，在山地建园应注意选择背风向阳或半向阳的山坡中上部建园，避开风口、冷空气集结之地，尤其是北向坡地、盆地和山坡中部的凹地和槽谷地，以免花期遇到晚霜危害。

（三）仁用杏适生区划分

仁用杏是我国最常见的易受霜冻危害的经济林树种，主要原因是仁用杏花期较其他经济林树种要早，北方大部分地区，如仁用杏主产区辽宁、内蒙古、河北张家口等地的仁用杏始花期一般在4月中下旬，幼果期在4月下旬至5月上旬，黄淮流域如河南西部的洛阳、三门峡其仁用杏花期于3月上旬至中旬，幼果期为3月中旬至下旬。而此时正值冬、春季节转换，气候不稳定，极易造成晚霜对仁用杏花、幼果的冻害，严重影响仁用杏产量，极大地制约了仁用杏产业可持续发展。

通过我们的实地调查发现，仁用杏霜冻发生程度与海拔、纬度、坡度、坡向有关，其中与海拔的关系最大。在同一纬度和海拔下，赤峰地区大扁杏和山杏的受冻程度相同，在同等纬度（41°54′）下海拔900~1200m范围内的大扁杏均未出现受冻，海拔890m以下大扁杏受冻严重；在同一立地条件下，不同树之间进行比较，树势旺盛、树形高大、肥水充足受冻轻；同一棵树，树体上部受冻比下部轻，树高1.5m以下受冻严重，树高1.6~1.8m中等受冻，树高1.8m以上基本无冻害；同一棵树同一部位，大果（果长1.7cm，果宽1cm，

果径 0.5cm)受冻比小果(果长 0.9cm,果宽 0.5cm,果径 0.3cm)轻。故仁用杏种植选择合适的造林地至关重要,要求一定的海拔高度,海拔太低易受冻,树体不宜过低,通过施肥或修剪等方式保证树体健壮生长,提高抗避晚霜能力,减少晚霜危害。

杏不同部位受冻后的症状不同,萌动的杏花芽遭受霜冻后,外观变黑色或褐色、芽鳞片松散不萌发,随后干枯脱落;花蕾期和花期遭受霜冻后,轻霜即可冻坏雌蕊,稍重时可冻坏雄蕊,严重时花瓣变色脱落;幼果受冻,轻则形成畸形果,重则果仁发亮变黑,果实呈干扁皱缩状,最后脱落(彩图 4)。仁用杏冻害在生产中的时有发生。2001 年在华北地区发生的"3.28"果树特大冻害中,山东邹平县杏的经济损失达 8000 万元;山东泰安气温降至 -7~ -5℃,凯特杏受冻率达到 97.7%,受冻率最高的'意大利 1 号'则达到 100%。2001 年 4 月 24 日,河北安文县低温降至 -9℃,持续时间长达 4h,山杏花朵受害率达 40%,木瓜杏花朵受害率达 100%,造成绝收。通常情况下,仁用杏花期受冻会导致杏树产量降低 50% 左右,幼果期受冻会导致减产 90% 以上,甚至绝收。

针对生产中仁用杏受晚霜和冻害危害严重的实际问题,科学确定仁用杏适生区,指导种植企业、农民,合理选择仁用杏发展区域。我们根据国家气象局全国各省市(县)897 个气象台站 1981—2010 年观测的 24 个气象因子累积 30 年的平均值,在对全国仁用杏栽培区主要气候因子区划的基础上,筛选影响仁用杏栽培的主要气象因子,并将全国范围内对仁用杏适应区进行划分,最终确定了仁用杏的适生区、次适生区和非适生区。

仁用杏适宜栽培区:全国适合仁用杏种植的面积约有 $4.36 \times 10^6 km^2$,其中华北地区适合仁用杏种植的面积有 $8.76 \times 10^5 km^2$,西北地区适合仁用杏种植的面积有 $2.08 \times 10^6 km^2$,东北地区适合仁用杏种植的面积有 $4.54 \times 10^5 km^2$,西南地区适合仁用杏种植的面积有 $8.81 \times 10^5 km^2$,华东、华中、华南适合仁用杏种植的面积有 $7.07 \times 10^4 km^2$。最大的适合种植区主要集中在西北地区,西北地区仁用杏适合种植区的总面积占全国适合仁用杏种植地的 47.71%。因此，西北地区应大力加强杏仁生产基地的建设，逐步建立起一条仁用杏适栽区的稳定产业带。

仁用杏次适宜栽培区：次适宜区主要为内蒙古、青海、新疆等省区的干旱地区和半干旱地区，这些地区需要加强人工灌溉才能满足仁用杏生长对水分的需求。

不适宜区分两类地区：一类主要为黑龙江北部的漠河、呼中、新林、塔河、呼玛、加格达奇等地区及其周边地区，因为年平均气温低于 -5℃左右，温度过低或者霜冻的频繁发生，以及西藏的班戈、安多、那曲等北部地区，常年年平均气温低至零下，还伴有雪灾、旱灾、风灾、冻灾、涝灾、冰雹等自然灾害。这些地区由于极端的恶劣天气导致仁用杏无法正常开花结果，所以这些地区不宜种植仁用杏。另一类地区主要为上海、浙江、江西、福建、湖北、湖南、广东、广西、海南以及江苏与安徽的中南部等地区，此类地区属于热带—亚热带气候条件，其年平均气温高达 24℃左右，常年雨水多，4~8 月的梅雨季节正值仁用杏开花结果期，因此，该地区也不适合仁用杏的生长发育。尤其三北地区，是否适合发展仁用杏，可参考表 2-1、表 2-2 的建议实施。

表 2-1　仁用杏适宜栽培区划分气象条件

| 气象条件 | 适宜区 | 次适宜区 | 不适宜区 |
|---|---|---|---|
| 累年年极端最低气温(℃) | -44 ~ -11 | -45 ~ -44；-10 ~ -5 | -50 ~ -45；-5 ~ 17 |
| 累年年极端最高气温(℃) | 26 ~ 44 | 22 ~ 26；44 ~ 48 | 18 ~ 22 |
| 累年年降水量(mm) | 305 ~ 795 | 15 ~ 299；802 ~ 993 | 993 ~ 2658 |
| 累年年平均气温(℃) | 4 ~ 15 | 0.2 ~ 4；15 ~ 16 | -5 ~ 0；16 ~ 27 |
| 累年年平均最低气温(℃) | -4 ~ 11 | -8 ~ -4；11 ~ 12 | -12 ~ -8；12 ~ 25 |
| 累年年平均最高气温(℃) | 10 ~ 28 | 6 ~ 9.5 | 3 ~ 6；12 ~ 26 |
| 累年年日照(h) | ≥2003 | 1771 ~ 1991 | 844 ~ 1756 |
| 累年无霜期(天) | 164 ~ 351 | 128 ~ 160 | 101 ~ 118 |

表2-2　三北地区仁用杏适生区区划

| 产区 | 适宜区 | 次适宜区 | 不适宜区 |
|---|---|---|---|
| 西北仁用杏区 | 甘肃（环县、会宁、榆中、麦积、临洮、崆峒、临夏、西峰、岷县）；宁夏（固原、海原、西吉）青海（民和、同仁、西宁、共和、囊谦）；陕西（绥德、神木、榆林、洛川、横山、延长、延安、吴旗、靖边、永寿、定边、铜川、韩城、秦都、长武、蒲城、华山、耀县）；新疆（尼勒克） | 甘肃（皋兰、华家岭、兰州、永昌、山丹、乌鞘岭、金塔、天水、武威、靖远、玉门镇、景泰、敦煌、瓜州、鼎新、民勤、张掖、酒泉、高台、武都、合作、马鬃山、玛曲）；宁夏（中卫、银川、中宁、盐池、同心、惠农、吴忠、陶乐、六盘山）；青海（贵德、兴海、贵南、诺木洪、德令哈、玉树、祁连、茶卡、都兰、乌兰、同德、门源、杂多、格尔木、茫崖、班玛、大柴旦、小灶火、冷湖、久治）；陕西（陇县、凤翔、太白、华县、商县、镇安）；新疆（乌恰、且末、柯坪、克拉玛依、库尔勒、乌苏、乌鲁木齐牧试站、阿拉山口、阿合奇、铁干里克、皮山、乌鲁木齐、库车、达坂城、哈密、轮台、和田、巴楚、尉犁、喀什、安德河、阿拉尔、麦盖提、民丰、精河、巴仑台、莎车、阿图什、博乐、哈巴河、沙雅、塔城、伊吾、昭苏、库米什、焉耆、阿克苏、塔什库尔干、托里、北塔山、天池、于田、伊宁、石河子、吐鲁番、乌兰乌苏、若羌、呼图壁、塔中、温泉、拜城、和布克赛尔、红柳河、布尔津、鄯善、奇台、淖毛湖、阿勒泰、蔡家湖、吉木乃、福海、富蕴、十三间房、巴里坤、青河） | 青海（刚察、玛沁、野牛沟、达日、河南、托勒、曲麻莱、沱沱河、五道梁、清水河、中心站、玛多、泽库、治多）；陕西（武功、宝鸡、西安、留坝、佛坪、商南、汉中、略阳、石泉、安康、宁强、镇坪、镇巴）；新疆（巴音布鲁克） |

（续）

| 产区 | 适宜区 | 次适宜区 | 不适宜区 |
|---|---|---|---|
| 华北仁用杏区 | 内蒙古(四子王、集宁、林西县、乌兰浩特、巴林左旗、东胜、翁牛特旗、伊金霍洛旗、开鲁、扎鲁特、通辽、呼和浩特、宝国吐、包头市、赤峰)；北京(延庆、密云)；河北(围场、丰宁、蔚县、承德、张家口、青龙、怀来、秦皇岛、乐亭、遵化、唐山、霸州、饶阳、黄骅、泊头、保定、沧州、南宫、石家庄、邢台)；河南(卢氏、三门峡、孟津、安阳、新乡、洛阳、开封、永城、郑州)；山东(成山头、莱阳、石岛、海阳、长岛、沂源、平度、莒县、福山、潍坊、龙口、威海、惠民、陵县、青岛、烟台、垦利、泰安、日照、莘县、东营、章丘、德州、淄川、兖州、定陶、淄博、菏泽、济南)；山西(右玉、五寨、天镇、大同、朔州、灵丘、河曲、榆社、兴县、安泽、离石、原平、隰县、襄垣、长治、吉县、太原、太谷、平定、介休、阳泉、阳城、侯马、临汾、垣曲、永济、运城)；天津(宝坻、塘沽) | 河北(崇礼、尚义)；河南(栾川、商丘、许昌、宝丰、西华、西峡、驻马店)；内蒙古(小二沟、新巴尔虎左旗、那仁宝力格、新巴尔虎右旗、东乌珠穆沁、阿巴嘎旗、西乌珠穆沁、多伦县、索伦、锡林浩特、化德、苏尼特左旗、扎兰屯、二连浩特、达茂旗、朱日和、海力素、满都拉、乌拉特中旗、鄂托克旗、巴彦诺尔公、杭锦后旗、临河、阿拉善左旗、阿右旗、额济纳旗、吉兰太、拐子湖)；山东(临沂、费县、郯城) | 河北(康保、沽源)；内蒙古(图里河、阿尔山、额尔古纳市、海拉尔、满洲里、博克图)；山西(五台山)；山东(泰山)；河南(南阳、桐柏、信阳、固始) |
| 东北仁用杏区 | 辽宁(海城、庄河、朝阳、大洼、喀左、兴城、熊岳、营口、锦州、瓦房店、绥中、鞍山、长海、旅顺、大连、彰武、阜新、新民、沈阳、义县、黑山、建平县、建昌)；黑龙江(佳木斯、依兰、安达、齐齐哈尔、宝清、鸡西、龙江、肇州、牡丹江、哈尔滨、双城、勃利、泰来)；吉林(蛟河、汪清、扶余、桦甸、磐石、大安、烟筒山、农安、吉林、城郊、白城、和龙、永吉、延吉、乾安、前郭、双阳、辽源、梅河口、通榆、长岭、长春、双辽、四平) | 辽宁(丹东、岫岩、桓仁、新宾、清原、抚顺、昌图、开原、本溪县)；黑龙江(明水、绥芬河、富裕、北林、富锦、尚志、鹤岗、虎林、克山、铁力、海伦、通河、北安、伊春、孙吴、爱辉、嫩江)；吉林(集安、通化、临江、东岗、二道、罗子沟、敦化、靖宇、长白) | 辽宁(宽甸)；黑龙江(漠河、呼中、新林、塔河、呼玛、加格达奇) |

## 二、仁用杏主栽品种

### （一）仁用杏主栽品种

目前生产中常用的仁用杏良种约有 50 个，其中主要以传统主栽的甜仁杏品种如'龙王帽''白玉扁''一窝蜂''北山大扁''三杆旗''新 4 号'等，近年来选育的良种有'围选 1 号''优一''辽优扁 1 号'等为主。苦仁杏长期以来以西伯利亚杏、普通杏、紫杏等的野生或半野生资源作为育苗材料并直接造林使用，生产中良种极度短缺。内蒙古林木良种繁育中心于 20 世纪 80、90 年代开展了内蒙古不同种源山杏的调查和优良家系的育种工作。近年来，中国林业科学研究院经济林研究开发中心、内蒙古林木良种繁育中心、西北农林科技大学、内蒙古农业大学、辽宁干旱地区造林研究所、洛阳农林科学研究院等单位展开协作研究，先后选育出了仁用杏新品种 12 个，如'中仁 1 号''中仁 2 号''中仁 3 号''中仁 4 号''中仁 5 号''蒙杏 1 号''蒙杏 2 号''蒙杏 3 号''辽优扁 1 号''辽白扁 2 号''山甜 1 号''山苦 1 号'等良种，有效缓解了生产中苦仁杏良种短缺的局面。

1.'龙王帽'

来源、特性及分布：实生选育而来，原产河北省涿鹿县，为地方品种。具有抗旱、中等抗倒春寒、耐瘠薄、丰产和优质的特点，适合发展仁用杏的地区均可栽培，是我国古老的甜仁杏主要栽培品种。

主要农艺性状：仁甜。张家口地区花期 4 月中下旬，果实成熟期 7 月中旬，卵圆形，平均单果重 20.0~25.0g，单核重 2.3~2.8g，单仁重 0.80~0.89g，出核率 17.3%~20.0%，出仁率 28%~33%，粗脂肪含量 57.8%~58.1%，粗蛋白含量约 26.6%，品质优良，产量高，进入丰产期单株产仁量可达 2.0kg 左右。

2.'一窝蜂'

来源、特性及分布：别名'次扁''小龙王帽'等。实生选育而来，原产河北张家口地区，具有耐贫瘠、抗旱和丰产的特性，适合发展仁用杏的地区均可栽培。

主要农艺性状：仁甜。辽宁地区 4 月中下旬陆续开花，7 下旬陆续成熟，果实卵圆形，平均单果重 14.5~15.0g，单核重 1.8g，单仁重 0.6~0.70g，出核率约 20.5%，出仁率 33.0%~36.0%。粗脂肪含量约 59.5%。

3.'优一'

来源、特性及分布：从'龙王帽'的实生苗中选育而来，原产河北蔚县。具有显著的抗倒春寒能力、丰产、抗旱、喜肥水、壳薄、仁饱满，缺点果枝易早衰、大小年明显。2008 年通过审定，适生区为三北地区，该品种为目前生产的主要主栽品种之一。

主要农艺性状：仁甜。辽宁地区 7 月中旬陆续成熟，果实卵圆形，平均单果重 9.6g，单核重 1.7g，单仁重 0.69~0.75g，出核率约 17.9%，出仁率 40%~43%。进入丰产期单株产仁量可达 2.73kg。当地 4 月下旬盛花期，花期能抗短期 −6℃低温，幼果期等抵抗短期 −2~2.5℃低温，7 月中下旬成熟。

4.'白玉扁'

来源、特性及分布：别名'柏峪扁''大白扁'等。实生选育而来，原产北京门头沟一带，具有抗旱、抗寒、耐贫瘠等显著特点，适合发展仁用杏的地区均可栽培，该品种适合作为授粉树。

主要农艺性状：仁甜。辽宁地区 4 月下旬开花，7 月中下旬陆续成熟，果实侧扁圆形，果实纵径 3.3cm，横径 3.1cm，侧径 2.1cm，单果重 15.0~20.5g，单核重 2.6~2.8g，单仁重 0.75~0.80g，出核率 20.0%~25.0%，出仁率约 30.0%，粗脂肪 56.7%左右。

5.'围选 1 号'

来源、特性及分布：实生选育而来，原产河北围场。具有显著的抗倒春寒、抗病虫危害能力，2007 年通过审定，适生区为三北地区，该品种为目前生产的主栽品种之一。

主要农艺性状：仁甜。张家口地区 4 月中下旬进入盛花期，果

实7月中旬成熟，卵圆形，平均单果重13.6g，单核重2.6g，单仁重约0.9g，出仁率35.7%。

6. '北山大扁'

来源、特性及分布：别名'一串铃''荷包扁''黄扁'等。实生选育而来，原产河北丰宁、北京等地，为地方农家品种，抗旱能力较强，缺点为丰产性差，适合发展仁用杏的地区均可栽培。

主要农艺性状：仁甜。张家口地区4月中下旬进入盛花期，7月上中旬成熟，果实圆形，平均单果重26.0g，单核重2.8g，单仁重0.75~0.85g，出核率约8.9%，出仁率27%。

7. '三杆旗'

来源、特性及分布：实生选育而来，原产河北蔚县。具有出仁率高、丰产、耐寒、早实等的特性，适合河北、辽宁、北京等周边地区栽培。

主要农艺性状：仁甜。张家口地区4月下旬盛花期，果实7月下旬成熟，果实圆形，平均单果重13.0~15.0g，单核重1.7g，单仁重约0.69g，出核率15.4%~20.0%，出仁率约39.8%。粗脂肪含量约50.85%，粗蛋白含量约15.5%。

8. '新4号'

来源、特性及分布：实生选育而来，原产河北蔚县。丰产、抗寒、抗病虫危害，适生区为三北地区。

主要农艺性状：仁甜。河北蔚县地区4月下旬盛花期，果实7月下旬成熟，果实圆形，单仁重约0.7g，出仁率约35.7%，进入丰产期单株产仁量2.0kg左右。

9. '超仁'

来源、特性及分布：原产河北涿鹿，从'龙王帽'中实生选育而来。1998年通过良种审定。具有仁大、抗旱、抗寒、丰产、适口等的特点，适合发展仁用杏的地区均可栽培。

主要农艺性状：仁甜。辽宁地区4月下旬开花，7下旬成熟，果实扁卵圆形，平均单果重16.7g，单核重2.2g，单仁重0.9~1.0g，是目前发现的单仁重最大的甜仁杏良种，出核率 18.1%~18.5%，出仁率 32%~35%。粗脂肪含量 57.7%，粗蛋白质含量 26.0%。进入丰产期单株产仁量可达 4.3kg；果肉少、橙黄色、味酸涩，总酸含量 2.1%，Vc 含量达 2.2mg/100g。

10. '油仁'

来源、特性及分布：原产河北涿鹿，从甜仁杏实生苗中选育而来。1998 年通过良种审定。具有抗旱、抗寒、抗病虫危害的特点，适合发展仁用杏的地区均可栽培。

主要农艺性状：仁甜。辽宁地区 4 月中下旬开花，7 中下旬成熟，果实扁卵圆形，平均单果重 13.7~15.7g，单核重 2.1g，单仁重 0.81~0.86g，出核率 16.3%，出仁率 33% 左右。粗蛋白质含量 23.3%，粗脂肪含量约 61.5%，是目前发现的含油量最高的仁用杏良种。进入丰产期单株产仁量可达 3.3kg；果肉少，果肉橙黄色，果肉味酸涩，总酸含量达 2.8%，Vc 含量达 19.2mg/100g，适合深加工为杏醋等产品。

11. '国仁'

来源、特性及分布：原产河北涿鹿，从甜仁杏实生苗中选育而来。2000 年通过良种审定。具有抗旱、抗寒、抗病虫危害的特点，适合发展仁用杏的地区均可栽培。

主要农艺性状：仁甜。辽宁地区 4 月下旬开花，7 下旬成熟，果实扁卵圆形，平均单果重 14.1g，单核重 2.4g，单仁重约 0.88g，出核率 21.3%，出仁率 30%~35%。杏仁粗蛋白质含量 27.6%，粗脂肪含量 56% 左右。进入丰产期单株产仁量可达 4.1kg；果肉橙黄色，果肉味酸涩，肉质疏松，果肉 pH 值 3.6，总酸含量达 3.1%，Vc 含量达 17.8mg/100g，单宁 0.81%，含糖 4.2%，适合深加工为杏醋等产品。

12. '丰仁'

来源、特性及分布：原产河北涿鹿，从甜仁杏实生苗中选育而来。2000 年通过良种审定。具有丰产、仁大、抗旱、抗寒、适口等

的特点，适合发展仁用杏的地区均可栽培。

主要农艺性状：仁甜。辽宁地区4月下旬开花，7下旬成熟，果实扁卵圆形，平均单果重13.2g，单核重2.2g，单仁重0.86~0.88g，出核率18%~20%，出仁率约35%。粗蛋白质含量28.2%，粗脂肪含量56.2%。进入丰产期单株产仁量可达4.4kg；果肉橙黄色、味微酸，果肉肉质疏松而纤维少，pH值3.6，总酸含量达2.4%，Vc含量达7.3mg/100g，适合深加工。

13.'串铃扁'

来源、特性及分布：别名'小火扁''小核扁'。原产河北赤城、丰宁、兴隆一带，是优良的农家品种。具有丰产、抗旱、抗寒等的特点，适合发展仁用杏的地区均可栽培。

主要农艺性状：仁甜。在张家口地区4月初到中下旬，7中下旬成熟，果实椭圆形，平均单果重22g，单核重1.8g，单仁重0.59g，出核率14.3%，出仁率约30%。

**(二)近年审定的仁用杏新品种**

1.'辽优扁1号'

来源、特性及分布：从'龙王帽'后代实生选育而来，原产辽宁朝阳，由辽宁干旱地区造林研究所主持选育而成。具有显著的丰产、稳产、杏仁品质优、仁大的特性。2013年通过审定，适生区为三北地区。

主要农艺性状：仁甜。平均单果重13.4g，单仁重约0.95g，出核率20.0%，出仁率35.6%。第2~3年开始结果，第5年平均单株产仁量0.68~0.81kg，是仁用杏普通品种的1~2倍。

2.'辽白扁2号'

来源、特性及分布：从'白玉扁'实生后代中选育而来，原产辽宁朝阳，由辽宁干旱地区造林研究所主持选育而成。具有花粉量大的显著特性。2014年通过审定，适生区为三北地区，尤其适合作为授粉树品种栽培。

主要农艺性状：仁甜。平均单仁重约0.89g，出核率22.0%，

出仁率 35.5%。栽植 2～3 年开始结果，第 5 年平均单株产仁量
0.78kg。'辽白扁 2 号'花粉量大，是良好的授粉树品种，作为'龙王
帽'品种授粉树，可提高主栽品种产仁量 30% 以上。

3.'中仁 1 号'

来源、特性及分布：由中国林业科学研究院经济林研究开发中
心和洛阳农林科学院从'优一'的实生后代中选育而来。能够适应多
种类型的土壤条件，对土壤的酸碱度要求不严，抗干旱、寒冷的能
力强，在杏适生区的大部分地区均可栽培。我国的河南、河北、北
京、天津、陕西、山西、山东、安徽等地大部及甘肃、宁夏、青海、
吉林、新疆、辽宁等地的部分地区均为'中仁 1 号'的适生区域。

主要农艺性状：仁甜。果实卵形，单仁重 0.67～0.72g，出仁率
38.5%~41.3%，极丰产。

植物学性状：1 年生枝及新梢均为紫红色，主干及多年生枝灰红
色，皮孔不明显，节间长 2.2～2.6cm，叶柄长 2.8～3.3cm，叶片呈
圆形，叶顶急尖，叶绿色，叶长 5.8～6.5cm，宽 4.9～5.8cm。初花
为粉白色，以后逐渐变为白色，花托短，花萼红色，雌蕊略高于雄
蕊，授粉率较高。'中仁 1'树势中庸，树姿半开张。栽植当年树干
基径 3.3cm，平均新梢基径 1.2cm，单株当年新梢数 15 个，平均新
梢长 117cm，新梢停止生长期 9 月上旬。栽植第 2～3 年结果，结果
株率 93%~100%，4～5 年进入盛果期，极丰产，盛果期单株种仁产
量达 2.2～2.6kg；'中仁 1 号'抗性强，病虫害少，具有较强的抗倒
春寒能力。'中仁 1 号'果实卵形，果顶尖，缝合线较浅。果实两半
部对称，梗洼浅，果柄短。成熟果实果皮黄红色，离核，外果皮顺
缝合线自然开裂。果实纵径 2.8～3.5cm，横径 2.3～3.0cm。果实成
熟期 6 月 25～30 日，果实发育期 95 天左右。在河南省洛阳地区，
'中仁 1 号'花芽萌动期为 2 月 15～25 日，花期 3 月 12～27 日；展叶
期为 4 月 1～8 日，4 月 5～12 日开始抽枝。6 月 10 日果实开始着色，
着色期 15～20 天。第一次果实迅速生长期在落花后，第二次在花后
一个月，第三次在采收前 10 天左右。落叶期 11 月上中旬。

4.'中仁2号'

来源、特性及分布：由中国林业科学研究院经济林研究开发中心和洛阳农林科学院采用选择育种的方法选育而来，原代号12025。能够适应多种类型的土壤条件，对土壤的酸碱度要求不严，耐旱、耐寒、耐瘠薄能力强，在我国北方地区均可栽培。我国的河南、河北、山西、陕西、山东、甘肃、辽宁、吉林、黑龙江、内蒙古、新疆等省的部分地区均为北杂的适生区域。

主要农艺性状：仁苦。果实扁圆形，核长19.5mm，核宽19.4mm，单核重0.79g，单仁重约0.35g，出仁率约44.5%。

植物学性状：'中仁2号'树姿半开张，主干及多年生枝灰褐色，1年生枝及新梢向阳面紫红色，背光面浅绿色。叶片扁圆形，质感粗糙，叶长8.9cm、宽7.1cm，叶尖长尾尖，叶缘具钝锯齿；叶柄红褐色，长3.5cm，叶柄靠叶片部位常具一腺体。花蕾红褐色，花瓣粉红色，盛开时呈白色，花托短，雌蕊略高于雄蕊，授粉率较高。果实扁圆形，果核纵径1.95cm、横径1.94cm。成熟果实果皮黄色，果顶平，缝合线较浅，两半部对称，成熟时外果皮顺缝合线自然开裂，离核。'中仁2号'幼树生长势稍强，成年树生长势中庸，苗木嫁接当年树干基径3.3cm，新梢基径平均0.5cm。以中、短果枝和花束状果枝结果为主，其中短果枝和花束状果枝的结果量可达全树结果量的80%~85%。嫁接苗栽植后2~3年开始结果，结果株率92%~97%，4~5年进入盛果期，丰产性强，盛果期单株种仁产量可达0.65~0.68kg，亩产杏仁50~60kg。在河南原阳地区，'中仁2号'花芽萌动期为2月20日至3月10日，花期3月10~20日，叶芽萌动期3月27日至4月5日，4月6日开始抽枝，新梢停止生长期9月上旬，果实成熟期6月5~15日，果实发育期90天左右。落叶期10月下旬。

5.'中仁3号'

来源、特性及分布：由洛阳农林科学院和中国林业科学研究院经济林研究开发中心采用杂交育种的方法选育而来，母本为仁用杏

'优一'，父本为鲜食杏'金太阳'。'中仁3号'与父本金太阳相比继承了其丰产性强、结果量大的特点，果实品质相似，果实单果重较小，但出仁率有所提高；与母本'优一'相比，'中仁3号'继承了其丰产和抗冻性强等特点，并且果肉比例有了大幅度的提高。'中仁3号'能够适应多种类型的土壤条件，对土壤的酸碱度要求不严，耐旱、耐寒、耐瘠薄能力强，在我国北方地区均可栽培。我国的河南、河北、山西、陕西、山东、甘肃、辽宁、内蒙古等地的部分地区均为'中仁3号'的适生区域。

主要农艺性状：仁苦。果实卵圆形，单果重15.4g、单核重1.9g、单仁重约0.68g，出核率12.3%、出仁率30%~35%；果肉可溶性糖5.2%，总酸1.66%，Vc含量12.8mg/100g，可溶性固形物11.3%，果肉酸甜适口，适宜晒制杏干，为仁肉兼用型品种。

植物学性状：'中仁3号'树姿半开张，主干及多年生枝灰褐色，1年生枝及新梢向阳面紫红色，背光面浅绿色。叶片圆形，表面光滑，叶长5.7cm、宽5.0cm，叶尖短尾尖，叶缘具钝锯齿；叶柄向阳面红褐色，长2.9cm，叶柄腺体不明显。花蕾红褐色，花瓣粉红色，盛开时呈白色，花托短，雌蕊略高于雄蕊，授粉率较高。果实卵圆形，纵径3.6cm，横径3.6cm。成熟果实果皮黄红色，果顶尖，缝合线明显，两侧不对称，成熟时外果皮不开裂，离核。'中仁3号'幼树生长势稍强，成年树生长势中庸，苗木嫁接当年树干基径3.6cm，新梢基径平均0.6cm。以中、短果枝和花束状果枝结果为主，其中短果枝和花束状果枝的结果量可达全树结果量的80%~90%。异花结实，苗木嫁接后第2年开始结果，结果株率100%，第5年进入盛果期，丰产性强，盛果期平均单株果实产量28kg左右，亩产果实1500kg左右，产杏仁25~28kg。在河南洛阳地区，'中仁3号'花芽萌动期为2月20日至3月10日，花期3月12~26日，叶芽萌动期3月27日至4月5日，4月6日开始抽枝，新梢停止生长期9月上旬，5月25日果实开始着色，果实成熟期6月1~10日，果实发育期90天左右，落叶期11月上旬。

6.'中仁4号'

来源、特性及分布：由中国林业科学研究院经济林研究开发中心、内蒙古林木良种繁育中心和内蒙古农业大学采用实生选育的方法，从内蒙古敖汉旗高产优良母树的半同胞子代中筛选出的高产优良单株(原代号034)，经无性系测定和区域试验选育而成。'中仁4号'在我国的河南、河北、山西、陕西、内蒙古、甘肃及辽宁等省的部分地区为'中仁4号'的适生区域。

主要农艺性状：仁苦。黄淮流域6月上中旬、内蒙古等地7月中下旬陆续成熟，果实扁圆形，果实扁圆形，果实纵径3.9cm，果实横径3.9cm，果实侧径3.5cm，果重13.7g，核重1.7g，仁重0.65g。

植物学性状：'中仁4号'树姿开张，呈自然开心形，主干及多年生枝灰褐色，小枝细弱，1年生枝及新梢向阳面紫红色，背光面浅绿色。叶片圆形至扁圆形，叶长6.9cm，叶宽5.3cm，叶柄长2.6cm，质感光滑，叶尖尾尖，叶缘具粗钝锯齿，叶片基部截形至宽楔形，叶柄正面红褐色，背面浅绿色，叶柄靠叶片部位常具1~2个腺体。花蕾红褐色，花瓣粉红色，盛开时呈白色，花托短，雌蕊略高于雄蕊，授粉率较高。成熟果实果皮黄绿色、扁圆形、离核，便于取核。'中仁4号'幼树生长势稍强，成年树生长势中庸，以中、短果枝和花束状果枝结果为主，其中短果枝和花束状果枝的结果量可达全树结果量的70%~80%。异花结实，苗木嫁接后第2~3年开始结果，结果株率93%~100%，4~5年进入盛果期，第5年单株果实产量6.1~7.1kg，杏仁产量0.30~0.35kg。

7.'蒙杏1号'

来源、特性及分布：由内蒙古农业大学、内蒙古林木良种繁育中心、中国林业科学研究院经济林研究开发中心从内蒙古乌拉山高产优良母树的半同胞子代中实生选育而来。具有生长快、叶较小且常卷曲的，抗旱性强，2~3年即可开花结实，并且具有较好的稳产性。2017年通过审定，适生区为内蒙古地区。

主要农艺性状：仁苦。果实扁圆形，横径2.0cm，纵径1.9cm，侧径 1.6cm，离核。单果重 4.7g，出核率 45.6%，单仁重 0.45g，出仁率 36.9%。以中、短果枝和花束状果枝结果为主，第 2~3 年开始结果，第 4~5 年进入盛果期，第 5 年单株产果量 6.5~7.5kg，产仁量 0.39~0.47kg。

植物学性状：'蒙杏 1 号'树姿半开张，主干明显，小枝常退化成刺状。叶片卵圆形，叶小，常卷曲，叶长 3.5~4.3cm，叶宽 2.5~3.1cm，叶柄长 1~1.7cm，叶片基部圆形，叶尖尾尖，叶缘具钝锯齿；叶柄红褐色。花蕾红褐色，花瓣粉红色，盛开时呈白色，花托短，雌蕊略高于雄蕊，授粉率较高。成熟果实果皮红色或黄色，果顶平，缝合线较浅，两半部对称，成熟时外果皮顺缝合线自然开裂。

8. '蒙杏 2 号'

来源、特性及分布：由内蒙古林木良种繁育中心、内蒙古农业大学、中国林业科学研究院经济林研究开发中心从内蒙古克什克腾旗种源实生选育而来（原代号 0736）。具有抗逆性、抗虫性、丰产性、稳产性等。2017 年通过审定，适生区为内蒙古自治区西至阿拉善盟、东至呼伦贝尔市、北至锡林郭勒盟、南至鄂尔多斯市，海拔 700~2000m 范围内有山杏分布的区域进行栽培。

主要农艺性状：仁苦。果实扁圆形，纵径 2.6cm，横径 2.3cm，侧径 2.0cm，离核，单果重 8.7g，单核重 1.6g，单仁重 0.66g，出仁率 41.3%。以中、短果枝和花束状果枝结果为主，其中短果枝和花束状果枝的结果量可达全树结果量的 70%~80%。异花结实，苗木嫁接后第 2~3 年开始结果，结果株率 93%~100%，4~5 年进入盛果期，第 5 年单株产果量 6.8kg，产仁量 0.66kg。

植物学性状：'蒙杏 2 号'树姿半开张，主枝分枝角度小于 43°，树皮较光滑。主干及多年生枝灰褐色，1 年生枝淡红褐色，背光面浅绿色。叶片卵圆形，叶长 8.4cm，叶宽 10.5cm，叶柄长 5.5cm，叶片基部圆形，叶尖尾尖，叶缘具钝锯齿；叶柄红褐色。花蕾红褐色，花瓣粉红色，盛开时呈白色，花托短，雌蕊略高于雄蕊，授粉率较高。成熟果实果皮红褐色，果顶平，缝合线较浅，两半部对称，成

熟时外果皮顺缝合线自然开裂。

9. '蒙杏 3 号'

来源、特性及分布：由内蒙古农业大学、内蒙古林木良种繁育中心、中国林业科学研究院经济林研究开发中心从内蒙古通辽市扎鲁特旗优良单株的半同胞子代实生选育而来。具有耐旱、耐寒、耐瘠薄、适应性极强，能够适应多种类型的气候和立地条件。2017 年通过审定，适生区为在我国东北南部、华北、西北等黄河流域各省有山杏分布的区域进行栽培。

主要农艺性状：仁苦。果实圆形，纵径 1.6cm，横径 1.3cm，侧径 1.0cm，离核，单果重 2.6g，单核重 0.58g，单仁重 0.35g，出仁率 60.3%。以中、短果枝和花束状果枝结果为主，其中短果枝和花束状果枝的结果量可达全树结果量的 70%~80%。异花结实，嫁接苗栽植后第 2~3 年开始结果，结果株率 93%~100%，4~5 年进入盛果期，丰产性强，盛果期单株产果量 9.61~11.00kg，产仁量 0.77~0.85kg。

植物学性状：'蒙杏 3 号'树姿半开张，主干及多年生枝灰褐色，1 年生枝淡红褐色，背光面浅绿色。叶片卵圆形，叶长 7.0cm，叶宽 6.5cm，叶柄长 2.5cm，叶片基部圆形，叶尖尾尖，叶缘具钝锯齿；叶柄红褐色。花蕾红褐色，花瓣粉红色，盛开时呈白色，花托短，雌蕊略高于雄蕊，授粉率较高。成熟果实果皮黄褐色，果顶稍尖，缝合线较浅，两半部对称，成熟时外果皮顺缝合线自然开裂。

10. '蒙杏 4 号'

来源、特性及分布：由内蒙古林木良种繁育中心、中国林业科学研究院经济林研究开发中心、内蒙古农业大学从内蒙古阿鲁科尔沁旗高产优良母树的半同胞子代中筛选出的高产优良单株（原代号 109）实生选育而来。具有丰产稳产、抗（避）晚霜等强适应性，能够适应多种类型的气候和立地条件。2017 年通过审定，适生区为我国的河南、河北、山西、陕西、山东、甘肃及辽宁、内蒙古、新疆等地的中南部。

主要农艺性状：仁苦。果实扁圆形，纵径 1.6cm，横径 1.7cm，侧径1.4cm，离核，单果重2.6g，单核重0.5g，单仁重0.25g，出仁率51.8%。以中、短果枝和花束状果枝结果为主，其中短果枝和花束状果枝的结果量可达全树结果量的70%~80%。异花结实，嫁接苗栽植后第2~3年开始结果，结果株率90%~100%，4~5年进入盛果期，丰产性强，盛果期单株产果量 6.8 ~ 7.7kg，产仁量0.35~0.39kg。

植物学性状：'蒙杏4号'树姿开张，呈自然开心形，主干及多年生枝灰褐色，1 年生枝淡红褐色，背光面浅绿色。叶片卵圆形，叶长4.3cm，叶宽 3.1cm，叶柄长 1.5cm，叶片基部圆形，叶尖尾尖，叶缘具钝锯齿；叶柄红褐色。花蕾红褐色，花瓣粉红色，盛开时呈白色，花托短，雌蕊略高于雄蕊，授粉率较高。成熟果实果皮红色，果顶平，缝合线较浅，两半部对称，成熟时外果皮顺缝合线自然开裂。

### （三）西伯利亚杏优良种源选择

西伯利亚杏主要分布在俄罗斯的西伯利亚地区、蒙古国和中国。在我国主要分布在内蒙古、辽宁、河北等地，多为野生或半野生状态集中成片分布。在长期的进化过程中，形成了西伯利亚杏耐干旱、瘠薄，抗寒（可低至 –35℃）、抗风沙，适应性强等特征。在我国三北地区主要作为抗旱先锋树种应用于防护林、生态恢复等林业工程中。西伯利亚杏也具有极高的经济价值。杏仁富含丰富的脂肪酸、蛋白质、苦杏仁苷、膳食纤维、无机盐、维生素及人体所需的多种微量元素，具有显著的生态、经济价值，是三北地区为数不多的生态经济林树种。据统计，我国西伯利亚杏栽培、分布面积约 141.33 万 $hm^2$，年产杏仁（带壳）约 15.20 万 t，主要用于原生药材、饮料加工及外贸出口等。西伯利亚杏是重要的仁用杏树种之一，同时还是重要的木本油料树种、优良植物蛋白资源和传统中药原料，是国家林业局"十三五"期间重点发展的二十个经济林树种之一，在我国三北地区生态恢复、国家精准扶贫战略及"一带一路"倡议和美丽中国战略的实施中将起到积极的促进作用。

　　我国西伯利亚杏栽培面积大，但目前针对西伯利亚杏的良种选育工作尚处于起步阶段，生产上几乎无良种可用的局面严重制约了产业的快速发展。基于我国三北地区干旱缺水、风沙大、土壤贫瘠、生长期短等立地条件，以三北地区的内蒙古、辽宁等为代表的西伯利亚杏主产区采用实生种子造林仍然是当前和今后较长时期的主要造林方式，因此开展西伯利亚杏优良种源选择，为生产提供优良的种子具有重要生产意义。研究组以内蒙古西伯利亚杏天然种群为研究对象，通过对种群间和种群内的表型多样性、数量性状、品质性状、DNA 序列多样性等进行了研究，以期从中筛选出丰产、优质、高抗的西伯利亚杏优良种源，为生产提供优质的种核。

　　1. 西伯利亚杏种源选择

　　在对内蒙古西伯利亚杏文献资料搜集以及野外实地调查的基础上，自 2000 年开始，协作组对内蒙古西伯利亚杏集中分布区进行实地踏查、调研。于 2012 年及 2013 年每年果实成熟的 7~8 月完成叶和果实的野外采集工作。采样点分别位于内蒙古的科左后旗（P1）、巴林右旗（P2）、扎赉特旗（P3）、科右中旗（P4）、察尔森镇（P5）、扎鲁特旗（P6）、万家沟（P7）、敖汉旗（P8）、凉城县（P9）、和林格尔县（P10），共计 10 个种源 217 株，取样时株间距大于 25m，即母树树高的 5 倍以上。每一单株从东西南北 4 个方向随机采摘健康、无病虫害的果实、成熟叶片各 10 个，低温保鲜带回实验室备用。地理位置和海拔为采样时现场记录，气候数据来源于中国气象数据网（http：//data.cma.cn）。

　　2. 西伯利亚杏遗传变异系数

　　内蒙古西伯利亚杏资源叶片、果实、果核、核仁数量性状的特征状况见表 2-3，对 27 个数量性状进行遗传多样性分析的结果表明，变异系数的平均值为 21.71%，产仁量的变异系数（68.27%）最大，变异幅度为 27.84~854.41g，其次为单果重的变异系数（56.69%）和出核率的变异系数（34.99%），变异幅度分别为 1.06~12.65g 和 5.8%~37.00%；果形指数的变异系数（7.99%）最小，变异幅度为

0.68~1.51。仁成分中粗蛋白（18.08%）和苦杏仁苷（16.63%）的变异系数较大而粗脂肪变异系数（9.12%）较小。从不同部位的变异系数顺序（除去产仁量）为：叶（22.59%）＞果实（21.43%）＞果核（21.01%）＞核仁（17.84%）。Shannon-weaver 多样性指数的平均值为2.645，较描述性表型性状的大，说明内蒙古西伯利亚杏种质资源数量性状的遗传多样性比描述性表型性状更加丰富，其中，以粗蛋白的多样性指数（2.921）最大，其次是苦杏仁苷（2.865）和仁侧径（2.820）；以产仁量的多样性指数（2.006）最小，其次是仁形指数（2.420）和叶形指数（2.447）。从不同部位的多样性指数顺序（除去产仁量）为：叶（2.677）＞果核（2.661）＞核仁（2.626）＞果实（2.626）。

Shannon-weaver 多样性指数和遗传变异系数的结果表明，参试西伯利亚杏不同材料间各性状差异较大，综合描述性表型性状和数量性状的统计分析结果可以看出，内蒙古西伯利亚杏种质资源的遗传背景较丰富，性状变异丰富，具有较大选择潜力，可以为西伯利亚杏新品种的选育提供优异的种质基础。

**表2-3　西伯利亚杏数量性状的多样性**

| 项目 | 数量性状 | 均值 | 标准差 | 极小值 | 极大值 | 极差 | 变异系数（%） | 多样性指数 |
|---|---|---|---|---|---|---|---|---|
| | 叶长（mm） | 58.50 | 12.04 | 23.17 | 92.03 | 68.86 | 20.58 | 2.779 |
| | 叶宽（mm） | 46.07 | 10.57 | 14.98 | 76.32 | 61.34 | 22.94 | 2.813 |
| 叶 | 叶柄长（mm） | 22.64 | 5.74 | 5.60 | 42.30 | 36.70 | 25.35 | 2.713 |
| | 叶尖长（mm） | 13.96 | 4.77 | 4.09 | 34.41 | 30.32 | 34.16 | 2.633 |
| | 叶形指数 | 1.28 | 0.13 | 0.95 | 1.77 | 0.82 | 9.92 | 2.447 |
| | 果纵径（mm） | 20.96 | 2.82 | 15.10 | 35.93 | 20.83 | 13.48 | 2.681 |
| | 果横径（mm） | 17.73 | 2.75 | 13.20 | 31.28 | 18.08 | 15.51 | 2.516 |
| 果实 | 果侧径（mm） | 21.70 | 2.93 | 15.62 | 34.45 | 18.83 | 13.49 | 2.747 |
| | 果形指数 | 1.19 | 0.09 | 0.68 | 1.51 | 0.83 | 7.99 | 2.726 |
| | 单果重（g） | 4.94 | 2.80 | 1.06 | 12.65 | 11.59 | 56.69 | 2.459 |

（续）

| 项目 | 数量性状 | 均值 | 标准差 | 极小值 | 极大值 | 极差 | 变异系数（%） | 多样性指数 |
|---|---|---|---|---|---|---|---|---|
| 果核 | 核纵径（mm） | 17.10 | 2.27 | 7.19 | 24.46 | 17.27 | 13.27 | 2.691 |
| | 核横径（mm） | 15.95 | 2.13 | 7.07 | 22.24 | 15.17 | 13.34 | 2.560 |
| | 核侧径（mm） | 9.85 | 1.09 | 4.47 | 16.34 | 11.87 | 11.02 | 2.584 |
| | 核壳厚（mm） | 1.22 | 0.42 | 0.32 | 3.36 | 3.04 | 34.75 | 2.774 |
| | 核形指数 | 1.08 | 0.11 | 0.78 | 1.49 | 0.71 | 10.19 | 2.451 |
| | 核干重（g） | 0.85 | 0.26 | 0.31 | 1.98 | 1.67 | 30.34 | 2.770 |
| | 出核率（%） | 18.22 | 6.37 | 5.80 | 37.00 | 31.20 | 34.99 | 2.797 |
| 核仁 | 仁纵径（mm） | 12.81 | 1.67 | 5.91 | 18.38 | 12.47 | 13.04 | 2.670 |
| | 仁横径（mm） | 10.66 | 1.53 | 4.86 | 16.44 | 11.58 | 14.33 | 2.615 |
| | 仁侧径（mm） | 6.80 | 1.07 | 2.93 | 9.76 | 6.83 | 15.77 | 2.820 |
| | 仁形指数 | 1.21 | 0.14 | 0.73 | 1.75 | 1.02 | 11.57 | 2.420 |
| | 仁干重（g） | 0.31 | 0.09 | 0.13 | 1.39 | 1.26 | 29.41 | 2.571 |
| | 出仁率（%） | 37.63 | 8.61 | 13.00 | 57.00 | 44.00 | 22.89 | 2.659 |
| | 产仁量（g） | 257.89 | 176.07 | 27.84 | 854.41 | 826.57 | 68.27 | 2.006 |
| | 粗脂肪（%） | 48.70 | 4.44 | 29.32 | 57.65 | 28.33 | 9.12 | 2.730 |
| | 粗蛋白（%） | 25.45 | 4.60 | 14.89 | 38.97 | 24.08 | 18.08 | 2.921 |
| | 苦杏仁苷（%） | 5.29 | 0.88 | 3.00 | 7.77 | 4.77 | 16.63 | 2.865 |

3. 种源间主要经济性状的变异和聚类

西伯利亚杏主要经济性状在 10 个种源间的变异分析表明，6 个主要参试性状在种源间都存在极显著差异（$p < 0.01$）。各性状的平均值、标准偏差和多重比较结果（表 2-4）表明，仁干质量在种源间的变化在 0.28 ~ 0.4g 之间，较大的是察尔森（P5）、敖汉旗（P8）、凉城（P9）种源；出仁率在种源间的变化在 31.36% ~ 46.72% 之间，较大的是扎鲁特旗（P6）、科右中旗（P4）种源；产仁量在种源间的变化在 115.17% ~ 276.46g 之间，最大的是敖汉旗（P8）种源；粗脂肪在种源间的变化在 45.65% ~ 51.47% 之间，最大的是和林格尔县（P10）种

源；粗蛋白在种源间的变化在 20.93%~30.55% 之间，最大的是察尔森（P5）种源；苦杏仁苷在种源间的变化在 4.75%~5.96% 之间，最大的是和林格尔县（P10）种源。对 10 个种源用组间连接法进行聚类，得到聚类图（图 2-1），根据核、仁性状可以分为 5 类，第 I 类群包含敖汉旗（P8）、凉城（P9）种源，特点是产仁量高、仁大；第 II 类群包含科左后旗（P1）、察尔森（P5）、巴林右旗（P2）、科右中旗（P4）种源，特点是出仁率高，粗蛋白含量高；第 III 类群包含扎鲁特旗（P6）、万家沟（P7）种源，特点是粗脂肪和苦杏仁苷含量高；第 IV 类群包含扎赉特旗（P3）种源，各项指标都较低；第 V 类群为和林格尔县（P10），产仁量高、粗脂肪和苦杏仁苷含量高。

表2-4　西伯利亚杏10个种源核仁性状的平均值、标准偏差及多重比较

| 种源 | 仁干质量（g） | 出仁率（%） | 产仁量（g） | 粗脂肪（%） | 粗蛋白（%） | 苦杏仁苷（%） |
|---|---|---|---|---|---|---|
| P1 | 0.35 ±<br>0.08bc | 39.76 ±<br>4.26b | 115.17 ±<br>83.06a | 47.48 ±<br>3.72a | 28.39 ±<br>3.88de | 4.99 ±<br>0.73ab |
| P2 | 0.36 ±<br>0.05bc | 41.02 ±<br>5.53b | 195.99 ±<br>137.45ab | 45.65 ±<br>4.93a | 28.41 ±<br>3.47de | 4.75 ±<br>0.74a |
| P3 | 0.28 ±<br>0.06a | 41 ±<br>5.29b | 131.97 ±<br>79a | 47.06 ±<br>4.07a | 23.35 ±<br>2.16ab | 4.75 ±<br>1.11a |
| P4 | 0.38 ±<br>0.06bc | 46.22 ±<br>5.36c | 164.72 ±<br>106.68ab | 48.48 ±<br>2.84ab | 27.35 ±<br>3.64cd | 4.9 ±<br>0.81ab |
| P5 | 0.4 ±<br>0.1c | 43.79 ±<br>5.55bc | 122.41 ±<br>103.98a | 45.96 ±<br>3.32a | 30.55 ±<br>3.75e | 5.03 ±<br>0.67ab |
| P6 | 0.33 ±<br>0.08ab | 46.72 ±<br>5.34c | 166.69 ±<br>75.46ab | 50.73 ±<br>3.32bc | 25.28 ±<br>3.59bc | 5.46 ±<br>0.66bc |
| P7 | 0.35 ±<br>0.07bc | 40.53 ±<br>7.65b | 184.48 ±<br>116.32ab | 50.99 ±<br>2.97bc | 22.77 ±<br>3.71ab | 5.49 ±<br>0.61bc |
| P8 | 0.4 ±<br>0.08c | 40.44 ±<br>2.05b | 276.46 ±<br>5.56b | 47.76 ±<br>2.96a | 26.6 ±<br>2.86cd | 5.3 ±<br>0.74ab |
| P9 | 0.4 ±<br>0.1c | 43.38 ±<br>8.11bc | 229.6 ±<br>127.01ab | 48.01 ±<br>3.6a | 26.6 ±<br>4.42cd | 5.35 ±<br>0.93ab |
| P10 | 0.32 ±<br>0.06ab | 31.36 ±<br>5.48a | 251.98 ±<br>172.04ab | 51.47 ±<br>3.24c | 20.93 ±<br>2.84a | 5.96 ±<br>0.79c |
| $F$ 值 | 4.338 ** | 12.947 ** | 2.672 ** | 8.931 ** | 18.620 ** | 7.323 ** |

注：同一列不同小写字母表示差异达显著水平（$p \leqslant 0.05$），下同。

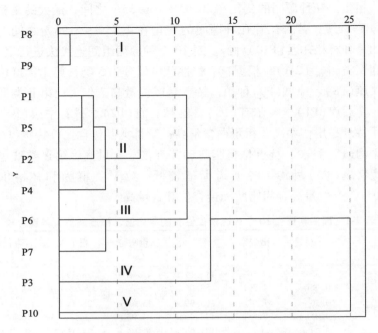

**图 2-1　基于核仁性状的西伯利亚杏种源聚类分析**

4. 主要经济性状与形态及地理生态因子的相关性

西伯利亚杏 6 个主要经济性状与形态性状相关性较强。其中产仁量与核横径、核壳厚呈极显著正相关关系（$p < 0.01$），与核干质量、核侧径、仁纵径、仁横径呈显著正相关关系（$p < 0.05$）；仁干质量与仁纵径、仁横径、仁侧径、核干质量、核纵径、核横径、核侧径呈极显著正相关关系（$p < 0.01$）；出仁率与仁干质量和仁侧径呈极显著正相关关系（$p < 0.01$），与核纵径、核横径、核侧径、核干质量、核壳厚、仁纵径呈极显著负相关关系（$p < 0.01$）。仁成分方面，粗脂肪与仁纵径、核纵径、核壳厚呈极显著正相关关系（$p < 0.01$），与核侧径呈显著正相关关系（$p < 0.05$）；粗蛋白与出仁率呈极显著正相关关系（$p < 0.01$），与仁干质量呈显著正相关关系（$p < 0.05$），与核纵径、核侧径、核壳厚、仁纵径呈极显著负相关关系（$p < 0.01$），

与核干质量、核形指数呈显著负相关关系($p < 0.05$);苦杏仁苷与核纵径、核侧径、核壳厚、核干质量、粗脂肪呈极显著正相关关系($p < 0.01$),与仁纵径呈显著正相关关系($p < 0.05$),与出仁率和粗蛋白呈极显著负相关关系($p < 0.01$)。这表明产仁量和出仁率受核性状的影响较仁性状大;仁干质量受仁性状的影响较核性状大;粗脂肪和苦杏仁苷正相关且都与粗蛋白负相关。

6 个主要经济性状与种源地理生态因子间的相关性分析(表 2-5)发现,产仁量与纬度呈极显著负相关关系($p < 0.01$),与经度呈显著负相关关系($p < 0.05$);粗脂肪与年平均气温呈显著正相关关系($p < 0.05$);苦杏仁苷与经度、纬度呈显著负相关关系($p < 0.05$)。这表明内蒙古西南部地区较东北部地区种源的产仁量、苦杏仁苷和粗脂肪含量高,而出仁率和粗蛋白含量较低,年平均气温、海拔越高、年日照时数越低的种源粗脂肪和苦杏仁苷含量越高,粗蛋白含量越低。

表 2-5　西伯利亚杏主要经济性状与形态及地理生态因子的相关性分析

| 性状 | 仁干质量（g） | 出仁率（%） | 粗脂肪（%） | 粗蛋白（%） | 苦杏仁苷（%） | 产仁量（g） |
|---|---|---|---|---|---|---|
| 核纵径 | 0.437 ** | − 0.371 ** | 0.247 ** | − 0.246 ** | 0.177 ** | 0.134 |
| 核横径 | 0.407 ** | − 0.259 ** | 0.080 | − 0.029 | 0.075 | 0.220 ** |
| 核侧径 | 0.313 ** | − 0.327 ** | 0.157 * | − 0.179 ** | 0.223 ** | 0.187 * |
| 核壳厚 | 0.015 | − 0.588 ** | 0.186 ** | − 0.334 ** | 0.312 ** | 0.213 ** |
| 核形指数 | − 0.002 | − 0.114 | 0.100 | − 0.136 * | − 0.046 | − 0.071 |
| 核干质量 | 0.609 ** | − 0.541 ** | 0.080 | − 0.145 * | 0.208 ** | 0.162 * |
| 仁纵径 | 0.519 ** | − 0.218 ** | 0.261 ** | − 0.227 ** | 0.138 * | 0.155 * |
| 仁横径 | 0.650 ** | − 0.090 | 0.111 | − 0.029 | 0.037 | 0.154 * |
| 仁侧径 | 0.335 ** | 0.332 ** | 0.097 | 0.103 | − 0.054 | 0.092 |
| 仁形指数 | 0.011 | − 0.111 | 0.029 | − 0.115 | 0.063 | − 0.006 |
| 仁干质量 | 1 | 0.175 ** | − 0.077 | 0.164 * | − 0.073 | 0.112 |
| 出仁率 | | 1 | − 0.111 | 0.246 ** | − 0.316 ** | − 0.069 |
| 粗脂肪 | | | 1 | − 0.676 ** | 0.198 ** | 0.054 |
| 粗蛋白 | | | | 1 | − 0.338 ** | − 0.070 |
| 苦杏仁苷 | | | | | 1 | 0.046 |

（续）

| 性状 | 仁干质量<br>（g） | 出仁率<br>（%） | 粗脂肪<br>（%） | 粗蛋白<br>（%） | 苦杏仁苷<br>（%） | 产仁量<br>（g） |
|---|---|---|---|---|---|---|
| 纬度（N） | -0.174 | 0.517 | -0.532 | 0.467 | -0.709* | -0.810** |
| 经度（E） | -0.048 | 0.500 | -0.582 | 0.581 | -0.713* | -0.703* |
| 年平均气温 | -0.002 | 0.138 | 0.703* | -0.396 | 0.452 | 0.459 |
| 年日照时数 | 0.297 | 0.014 | -0.103 | 0.220 | -0.109 | 0.230 |
| 海拔 | 0.231 | -0.425 | 0.266 | -0.319 | 0.519 | 0.629 |
| 年降水量 | -0.253 | -0.401 | -0.178 | 0.005 | 0.025 | -0.300 |
| 无霜期 | 0.332 | 0.1 | -0.107 | 0.349 | -0.027 | -0.049 |

注：＊在 0.05 水平上显著相关；＊＊在 0.01 水平上显著相关；下同。

5. 主成分分析及种源选择

通过对西伯利亚杏核、仁性状进行主成分分析（表 2-6），得到前 6 个的主成分贡献率达到 80.716%，能较好地反映西伯利亚杏核仁大小、产仁量、出仁率、仁成分等主要经济形状特性。第一主成分（PC-1）主要包含核干质量、核纵径、仁纵径、仁横径、核横径、核侧径、核壳厚等，表征核、仁表型；第二主成分（PC-2）主要包含仁干质量、粗蛋白、出仁率等，表征粗蛋白；第三主成分（PC-3）主要包含核形指数、仁形指数、出仁率等，表征核、仁形态；第四主成分（PC-4）主要包含粗脂肪、仁侧径等，表征粗脂肪；第五主成分（PC-5）表征产仁量；第六主成分（PC-6）主要包含苦杏仁苷、核侧径等，表征苦杏仁苷。根据主成分值对西伯利亚种源进行排序（表 2-7）：敖汉旗（P8）＞凉城（P9）＞和林格尔县（P10）＞万家沟（P7）＞科右中旗（P4）＞察尔森（P5）＞扎鲁特旗（P6）＞科左后旗（P1）＞巴林右旗（P2）＞扎赉特旗（P3）。

表 2-6　西伯利亚杏核仁性状的主成分分析

| 性状 | 主成分 | | | | | |
|---|---|---|---|---|---|---|
| | PC-1 | PC-2 | PC-3 | PC-4 | PC-5 | PC-6 |
| 核纵径 | 0.881 | -0.086 | 0.280 | -0.229 | -0.050 | -0.081 |
| 核横径 | 0.685 | 0.320 | -0.270 | -0.022 | -0.019 | -0.282 |

（续）

| 性状 | 主成分 | | | | | |
|---|---|---|---|---|---|---|
| | PC-1 | PC-2 | PC-3 | PC-4 | PC-5 | PC-6 |
| 核侧径 | 0.632 | 0.057 | -0.155 | 0.259 | 0.142 | 0.405 |
| 核壳厚 | 0.632 | -0.372 | -0.395 | -0.081 | 0.131 | 0.095 |
| 核形指数 | 0.103 | -0.440 | 0.727 | -0.207 | 0.075 | 0.170 |
| 核干质量 | 0.883 | 0.049 | -0.171 | -0.217 | -0.086 | 0.048 |
| 仁纵径 | 0.869 | 0.057 | 0.372 | -0.112 | -0.008 | -0.059 |
| 仁横径 | 0.749 | 0.519 | 0.021 | 0.084 | -0.171 | -0.071 |
| 仁侧径 | 0.101 | 0.489 | 0.399 | 0.510 | 0.176 | 0.338 |
| 仁形指数 | 0.193 | -0.582 | 0.485 | -0.316 | 0.224 | 0.007 |
| 仁干质量 | 0.574 | 0.623 | 0.228 | -0.115 | -0.080 | 0.057 |
| 出仁率 | -0.471 | 0.511 | 0.489 | 0.228 | 0.047 | -0.068 |
| 产仁量 | 0.258 | 0.076 | -0.144 | 0.165 | 0.862 | -0.260 |
| 粗脂肪 | 0.344 | -0.377 | 0.234 | 0.646 | -0.185 | -0.314 |
| 粗蛋白 | -0.345 | 0.589 | -0.051 | -0.520 | 0.145 | 0.239 |
| 苦杏仁苷 | 0.307 | -0.395 | -0.235 | 0.296 | -0.046 | 0.490 |
| 特征值 | 5.146 | 2.600 | 1.847 | 1.464 | 0.973 | 0.885 |
| 贡献率 | 32.162 | 16.248 | 11.541 | 9.148 | 6.084 | 5.532 |
| 累计贡献率 | 32.162 | 48.410 | 59.951 | 69.100 | 75.184 | 80.716 |

表2-7　不同西伯利亚杏种源的主成分得分及排序

| 排名 | 种源 | 主成分 | | | | | | |
|---|---|---|---|---|---|---|---|---|
| | | Y1 | Y2 | Y3 | Y4 | Y5 | Y6 | Y |
| 1 | P8 | 0.322 | 1.380 | -0.858 | 0.518 | 0.457 | 0.405 | 0.326 |
| 2 | P9 | 0.297 | 0.799 | -0.036 | -0.376 | 0.168 | 0.207 | 0.156 |
| 3 | P10 | 0.819 | -1.051 | -0.283 | 0.219 | 0.424 | 0.146 | 0.085 |
| 4 | P7 | 0.059 | 0.226 | 0.160 | 0.800 | -0.256 | -0.259 | 0.078 |
| 5 | P4 | -0.191 | 0.641 | 0.093 | 0.068 | -0.192 | -0.157 | 0.039 |

（续）

| 排名 | 种源 | 主成分 | | | | | | |
|---|---|---|---|---|---|---|---|---|
| | | Y1 | Y2 | Y3 | Y4 | Y5 | Y6 | Y |
| 6 | P5 | −0.132 | 0.679 | 0.095 | −0.805 | −0.302 | 0.396 | 0.009 |
| 7 | P6 | −0.652 | 0.074 | 0.685 | 0.686 | −0.112 | 0.038 | −0.049 |
| 8 | P10 | −0.276 | 0.107 | −0.058 | −0.619 | −0.378 | 0.116 | −0.151 |
| 9 | P2 | −0.339 | 0.348 | −0.155 | −0.799 | 0.118 | −0.271 | −0.151 |
| 10 | P3 | −1.080 | −0.137 | −0.532 | 0.189 | −0.519 | −0.619 | −0.480 |

内蒙古各地西伯利亚杏资源表型性状变异类型多、程度高、幅度大，存在丰富的多样性。14 个描述性表型性状中，只有仁味的"甜"类型没有出现，说明"甜仁"在西伯利亚杏中为极少数的特殊变异；其他 49 个类型均有分布，变异系数在 12.98%~30.88% 之间，多样性指数在 0.027~0.501 之间，其中核形主要为卵圆形、圆形和扁圆形；27 个数量性状变异系数 7.99%~68.27%，体现了较高程度的遗传变异，Shannon-weaver 多样性指数为 2.006~2.921，不同性状间的差异比新疆杏的 1.927~3.930 略小，体现了较高程度且较一致的多样性；各数量性状的极差相差均在 2 倍以上，展现较大的变异幅度，尤其以单果重、出仁率、仁干重、出核率与核壳厚等与经济相关的性状为甚；各部位数量性状变异程度大小顺序为叶＞果＞核＞仁，多样性信息指数顺序为叶＞核＞仁＞果，与辽西山杏的变异程度"果＞仁＞叶＞核"有所不同，可能是取材范围的差异所致；表征质量的产仁量、核干质量、仁干质量、果质量等性状变异系数均值为 45.96%，而表征形状的叶形指数、果形指数、核形指数、仁形指数等性状变异系数均值仅为 9.92%，表明西伯利亚杏质量变异程度较大，而形状较为稳定。产仁量的变异系数（68.27%）最高，粗蛋白（18.08%）和苦杏仁苷（16.63%）的变异高于粗脂肪（9.12%）。变异系数和 Shannon-weaver 多样性指数在反应种质资源的多样性时具有不同的内涵，但在内蒙古西伯利亚杏的不同性状上的表现基本一致，说明西伯利亚杏种质资源的表型性状无论从变异程度上，还

是从分级和数量分布上均呈现丰富的多样性。

西伯利亚杏是以杏仁、杏仁油和杏仁蛋白为经济目的，因此优良的经济特性要建立在单株高产的基础上。产仁量、核干质量、仁干质量、出仁率、仁成分等主要经济性状与大多表型性状的相关性显著或极显著，这为西伯利亚杏主要性状的选择提供了依据。本研究表明产仁量与出仁率受核性状影响较大，仁干质量同时受仁与核的影响，因此选育高产和高仁干质量资源应该从核大、仁大出发，选高出仁率从核小、核壳薄、仁大、仁侧径大出发。粗脂肪和苦杏仁苷呈极显著正相关且都与粗蛋白呈极显著负相关，三种物质主要受核性状影响，选高脂肪高苦杏仁苷资源应从核大、仁纵径大出发，选高蛋白资源应从核小、仁大、出仁率高出发，经济性状和表型的相关性为资源评价和杂交亲本的配置提供了依据。7个生态因子中，只有纬度、经度和年平均气温对西伯利亚杏主要经济性状的影响达到显著水平，产仁量、苦杏仁苷与纬度和经度呈负相关，粗脂肪与年平均气温呈相关，即内蒙古西南部地区较东北部地区种源的产仁量、苦杏仁苷和粗脂肪含量高，年平均气温和海拔越高的种源粗脂肪和苦杏仁苷含量越高，粗蛋白含量越低。产仁量、核干质量、仁干质量、出仁率、仁成分等主要经济性状变异程度较高，在选择上更有潜力，这为西伯利亚杏的仁用良种选育提供了丰富的物质基础。

不同种源间各经济性状的差异均达到极显著水平，通过聚类分析将各个种源进行分为5类，第Ⅰ类群包含敖汉旗（P8）、凉城（P9）种源，特点是产仁量高、仁大；第Ⅱ类群包含科左后旗（P1）、察尔森（P5）、巴林右旗（P2）、科右中旗（P4）种源，特点是出仁率高，粗蛋白含量高；第Ⅲ类群包含扎鲁特旗（P6）、万家沟（P7）种源，特点是粗脂肪和苦杏仁苷含量高；第Ⅳ类群包含扎赉特旗（P3）种源，各项指标都较低；第Ⅴ类群为和林格尔县（P10），产仁量高、粗脂肪和苦杏仁苷含量高。

基于主成分和聚类分析，各种源的生长表现排序为：敖汉旗（P8）＞巴林右旗（P2）＞察尔森（P5）＞和林格尔县（P10）＞科左后旗

（P1）＞凉城县（P9）＞扎鲁特旗（P6）＞扎赉特旗（P3）＞万家沟（P7）。
经济性状表现排序为：敖汉旗（P8）＞凉城（P9）＞和林格尔县（P10）＞
万家沟（P7）＞科右中旗（P4）＞察尔森（P5）＞扎鲁特旗（P6）＞科左后
旗（P1）＞巴林右旗（P2）＞扎赉特旗（P3）。各数量性状的种源遗传力
在 0.295～0.820 之间，平均值为 0.559，果和叶的遗传力高于核和
仁，各性状指标的遗传增益在 0.51%～23.56% 之间，平均值为
6.13%。各性状指标的家系遗传力在 0.074～0.599 之间，平均值为
0.301，仁和核的遗传力高于叶和果，各性状指标的遗传增益在
2.42%～63.69% 之间，平均值为 17.14%。相比于种源选择，家系选
择时，核壳厚（63.69%）、仁干重（33.48%）和核干重（22.87%）能
获得较大增益，具有良好的选择效应，因此，家系选择能得到更大
的增益。

6. 西伯利亚杏不同种源氨基酸含量、脂肪酸含量的多样性

（1）西伯利亚杏不同种源氨基酸含量的多样性

不同种源西伯利亚杏仁各类氨基酸含量存在差异（表 2-8），巴林
右旗种源的各类氨基酸含量均最高，其中总氨基酸含量 31.67g/
100g，必需氨基酸含量 8.59g/100g，儿童必需氨基酸含量 4.20g/
100g，鲜味氨基酸含量 12.25g/100g，甜味氨基酸含量 5.53g/100g，
芳香族氨基酸含量 2.58g/100g，药用氨基酸含量 22.95g/100g。和林
格尔县种源各类氨基酸含量均最低，其中总氨基酸含量 19.38g/
100g，必需氨基酸含量 5.50g/100g，儿童必需氨基酸含量 2.34g/
100g，鲜味氨基酸含量 7.18g/100g，甜味氨基酸含量 3.42g/100g，
芳香族氨基酸含量 1.59g/100g，药用氨基酸含量 13.60g/100g。各种
源氨基酸含量排序为：巴林右旗＞凉城＞科右中旗＞科左后旗＞敖
汉旗＞扎鲁特旗＞万家沟＞和林格尔县。各种源西伯利亚杏仁的氨
基酸的 RAA 和 RC 值（表 2-9）差别不大，除了 Met＋Cys 和 Lys 外其
他项基本接近 1，表明氨基酸比较接近于 FAO/WHO 的推荐值。和
林格尔县种源的第一限制氨基酸是 Lys，其他各种源的第一限制氨基
酸均为 Met＋Cys。各种源 SRC 值介于 63.06～74.61，和林格尔县和

万家沟种源的 SRC 值相对较大, 凉城种源的 SRC 值相对较小, SRC 排序为: 和林格尔县 > 万家沟 > 扎鲁特旗 > 科左后旗 > 科右中旗 > 巴林右旗 > 敖汉旗 > 凉城。

**表 2-8　不同种源氨基酸含量比较**　　　　　　　　g/100g

| 种源 | 总氨基酸 | 必需氨基酸 | 儿童必需氨基酸 | 鲜味氨基酸 | 甜味氨基酸 | 芳香族氨基酸 | 药用氨基酸 |
|---|---|---|---|---|---|---|---|
| 科左后旗 | 29.14 | 7.97 | 3.79 | 11.26 | 5.03 | 2.43 | 21.16 |
| 巴林右旗 | 31.67 | 8.59 | 4.20 | 12.25 | 5.53 | 2.58 | 22.95 |
| 科右中旗 | 29.53 | 8.13 | 3.76 | 11.22 | 5.40 | 2.42 | 21.12 |
| 扎鲁特旗 | 28.32 | 7.81 | 3.66 | 10.71 | 5.08 | 2.36 | 20.42 |
| 万家沟 | 20.24 | 5.81 | 2.57 | 7.48 | 3.62 | 1.68 | 14.47 |
| 敖汉旗 | 29.08 | 7.84 | 3.85 | 11.21 | 5.14 | 2.40 | 21.10 |
| 凉城 | 31.27 | 8.44 | 4.19 | 12.20 | 5.37 | 2.52 | 22.73 |
| 和林格尔县 | 19.38 | 5.50 | 2.34 | 7.18 | 3.42 | 1.59 | 13.60 |

**表 2-9　不同种源西伯利亚杏必需氨基酸 RAA、RC 比较**

| 种源 | | Thr | Val | Met + Cys | Ile | Leu | Phe + Tyr | Lys | Trp | SRC |
|---|---|---|---|---|---|---|---|---|---|---|
| 科左后旗 | RAA | 0.65 | 0.86 | 0.47 | 0.89 | 0.95 | 1.39 | 0.54 | 1.00 | 65.15 |
| | RC | 0.78 | 1.03 | 0.56 | 1.06 | 1.13 | 1.65 | 0.64 | 1.18 | |
| 巴林右旗 | RAA | 0.65 | 0.87 | 0.41 | 0.88 | 0.96 | 1.36 | 0.52 | 0.98 | 63.66 |
| | RC | 0.78 | 1.05 | 0.49 | 1.07 | 1.16 | 1.64 | 0.62 | 1.18 | |
| 科右中旗 | RAA | 0.68 | 0.89 | 0.41 | 0.91 | 0.96 | 1.37 | 0.52 | 0.98 | 64.04 |
| | RC | 0.81 | 1.06 | 0.48 | 1.09 | 1.14 | 1.63 | 0.62 | 1.17 | |
| 扎鲁特旗 | RAA | 0.67 | 0.86 | 0.48 | 0.90 | 0.95 | 1.39 | 0.55 | 0.99 | 66.21 |
| | RC | 0.79 | 1.01 | 0.57 | 1.06 | 1.12 | 1.63 | 0.65 | 1.16 | |
| 万家沟 | RAA | 0.71 | 0.91 | 0.50 | 0.91 | 1.00 | 1.38 | 0.61 | 1.00 | 68.79 |
| | RC | 0.80 | 1.04 | 0.57 | 1.03 | 1.13 | 1.57 | 0.70 | 1.14 | |
| 敖汉旗 | RAA | 0.65 | 0.77 | 0.43 | 0.89 | 0.98 | 1.38 | 0.53 | 1.00 | 63.57 |
| | RC | 0.79 | 0.93 | 0.52 | 1.08 | 1.18 | 1.66 | 0.63 | 1.20 | |

（续）

| 种源 | | Thr | Val | Met + Cys | Ile | Leu | Phe + Tyr | Lys | Trp | SRC |
|---|---|---|---|---|---|---|---|---|---|---|
| 凉城 | RAA | 0.63 | 0.87 | 0.40 | 0.90 | 0.97 | 1.34 | 0.49 | 0.99 | 63.06 |
| | RC | 0.77 | 1.06 | 0.49 | 1.09 | 1.18 | 1.64 | 0.60 | 1.21 | |
| 和林格 | RAA | 0.80 | 0.91 | 0.75 | 0.92 | 0.97 | 1.37 | 0.58 | 0.88 | 74.61 |
| 尔县 | RC | 0.89 | 1.02 | 0.83 | 1.03 | 1.08 | 1.52 | 0.64 | 0.97 | |

（2）氨基酸含量相关性分析、聚类分析及选择

对不同种源西伯利亚杏仁氨基酸含量的相关性分析发现，氨基酸总量、必需氨基酸、儿童必需氨基酸、芳香族氨基酸、甜味氨基酸、鲜味氨基酸和药用氨基酸含量之间均存在极显著正相关关系（$p < 0.01$），即氨基酸总量越高，各类别氨基酸含量越高，但各类氨基酸含量之间的比例关系相对稳定。代表营养价值的 SRC 值与各类氨基酸含量呈极显著负相关关系（$p < 0.01$）。根据 18 种氨基酸在不同种质资源间的差异，以平均欧氏距离为遗传距离，经标准化后采用组间联接法进行聚类分析，在遗传距离为 4.5 处将参试种质资源分为四大类群，从上到下依次为第 Ⅰ 类、第 Ⅱ 类、第 Ⅲ 类和第 Ⅳ 类（图 2-2、表 2-10、表 2-11）。第 Ⅰ 类群包括 11 份种质，该类群的各类氨基酸含量均是所有类群中最低的，表现较差。第 Ⅱ 类群包括 9 份种质，是最优种质，该类群的各类氨基酸含量均是所有类群中最高的，其中总氨基酸含量 37.26g/100g，必需氨基酸含量 9.84g/100g，儿童氨基酸含量 4.36g/100g，甜味氨基酸含量 7.41g/100g，鲜味氨基酸含量 13.58g/100g，芳香族氨基酸含量 3.2g/100g，药用氨基酸含量 25.79g/100g，该类群氨基酸含量最高，开发利用价值最大。第 Ⅲ 类群包括 5 份种质，第 Ⅳ 类群包括 25 份种质，这两个类群包含种质最多，属于中等类群，仅次于第二类群，有很大开发利用潜力。由于氨基酸总量越高，各类别氨基酸含量越高，且第 Ⅱ 类群的各类氨基酸含量均是所有类群中最高的。因此，其所包含的 9 个种质是最优种质，各类氨基酸的现实增益范围为 22.35%~52.54%，平均值为 32.60%，具有较高的选择增益，能够同时使得每个性状均获得较为理想的改良效果。

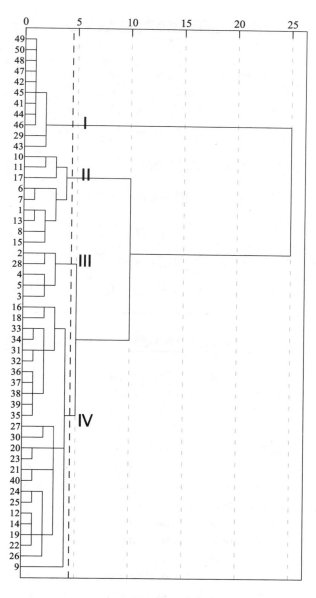

**图 2-2　西伯利亚杏仁氨基酸聚类分析**

**表 2-10　不同类群各类氨基酸含量比较**

| 氨基酸 | 第Ⅰ类 | | 第Ⅱ类 | | 第Ⅲ类 | | 第Ⅳ类 | |
|---|---|---|---|---|---|---|---|---|
| | 均值±标准差 | 变异系数(%) | 均值±标准差 | 变异系数(%) | 均值±标准差 | 变异系数(%) | 均值±标准差 | 变异系数(%) |
| 总氨基酸 | 14.67±1.05 | 7.16 | 37.26±2.26 | 6.07 | 32.04±1.75 | 5.46 | 27.74±2.54 | 9.16 |
| 必需氨基酸 | 4.43±0.22 | 4.97 | 9.84±0.58 | 5.89 | 8.32±0.41 | 4.93 | 7.51±0.7 | 9.32 |
| 儿童必需氨基酸 | 1.81±0.2 | 11.05 | 4.36±0.22 | 5.05 | 4.01±0.12 | 2.99 | 3.64±0.32 | 8.79 |
| 鲜味氨基酸 | 5.15±0.42 | 8.16 | 13.58±0.84 | 6.19 | 11.31±0.99 | 8.75 | 10.09±1.35 | 13.38 |
| 甜味氨基酸 | 2.66±0.17 | 6.39 | 7.41±0.74 | 9.99 | 6.83±0.66 | 9.66 | 5.17±0.5 | 9.67 |
| 芳香族氨基酸 | 1.26±0.15 | 11.90 | 3.2±0.19 | 5.94 | 2.68±0.19 | 7.09 | 2.31±0.25 | 10.82 |
| 药用氨基酸 | 10.4±0.79 | 7.60 | 25.79±1.45 | 5.62 | 21.92±1.37 | 6.25 | 19.64±1.97 | 10.03 |

**表 2-11　基于聚类分析的优良种质(9个)各类氨基酸表现情况**

| 单株 | 总氨基酸 | 必需氨基酸 | 儿童必需氨基酸 | 鲜味氨基酸 | 甜味氨基酸 | 芳香族氨基酸 | 药用氨基酸 |
|---|---|---|---|---|---|---|---|
| 1 | 41.07 | 10.78 | 4.60 | 14.73 | 8.69 | 3.59 | 28.03 |
| 6 | 35.97 | 9.25 | 4.17 | 13.11 | 7.61 | 3.03 | 24.61 |
| 7 | 35.12 | 9.38 | 4.26 | 12.54 | 7.04 | 3.10 | 24.24 |
| 8 | 39.31 | 10.43 | 4.70 | 14.45 | 7.33 | 3.35 | 27.53 |
| 10 | 36.29 | 9.87 | 3.99 | 13.63 | 6.90 | 3.11 | 25.50 |
| 11 | 33.82 | 9.10 | 4.24 | 12.22 | 6.37 | 2.95 | 23.73 |
| 13 | 39.05 | 10.23 | 4.53 | 13.92 | 8.46 | 3.24 | 26.57 |
| 15 | 37.41 | 10.06 | 4.34 | 13.54 | 7.19 | 3.28 | 25.90 |
| 17 | 37.26 | 9.47 | 4.38 | 14.07 | 7.14 | 3.15 | 26.01 |
| 入选均值 | 37.25 | 9.84 | 4.36 | 13.58 | 7.41 | 3.20 | 25.79 |
| 总均值 | 30.11 | 7.67 | 3.56 | 10.5 | 4.86 | 2.26 | 19.78 |
| 现实增益(%) | 23.73 | 28.31 | 22.35 | 29.33 | 52.54 | 41.57 | 30.39 |

（3）不同种源西伯利亚杏脂肪酸含量的多样性

西伯利亚杏仁的脂肪酸种类和含量检测结果（表2-12）表明，西伯利亚杏仁主要分离出油酸、亚油酸、亚麻酸、棕榈油酸、棕榈酸、硬脂酸等6种脂肪酸。棕榈酸和硬脂酸为饱和脂肪酸，棕榈油酸和油酸为单不饱和脂肪酸，亚油酸和亚麻酸为多不饱和脂肪酸。杏仁的饱和脂肪酸的相对含量介于2.96%～4.64%之间，平均值为3.71%；不饱和脂肪酸的相对含量介于89.67%～96.37%之间，平均值为94.33%；单不饱和脂肪酸的相对含量介于59.53%～70.57%之间，平均值为65.88%；多不饱和脂肪酸的相对含量介于24.23%～33.49%之间，平均值为28.45%；人体必需脂肪酸亚油酸的相对含量介于24.13%～33.38%之间，平均值为28.31%；另一种人体必需脂肪酸亚麻酸的相对含量介于0.08%～0.22%之间，平均值为0.14%。

表 2-12　　西伯利亚杏仁脂肪酸组成及含量　　　　　　g/100g

| 脂肪酸种类 | 均值 | 标准差 | 极小值 | 极大值 | 极差 | 变异系数（%） |
|---|---|---|---|---|---|---|
| 棕榈酸（16:0） | 2.76 | 0.38 | 2.11 | 3.52 | 1.41 | 13.81 |
| 棕榈油酸（16:1） | 0.44 | 0.11 | 0.24 | 0.62 | 0.38 | 24.75 |
| 硬脂酸（18:0） | 0.95 | 0.11 | 0.80 | 1.21 | 0.41 | 11.60 |
| 油酸（18:1） | 65.44 | 3.21 | 59.60 | 70.02 | 11.00 | 4.91 |
| 亚油酸*（18:2） | 28.31 | 2.60 | 24.13 | 33.38 | 9.25 | 9.18 |
| 亚麻酸*（18:3） | 0.14 | 0.03 | 0.08 | 0.22 | 0.14 | 24.12 |
| 饱和脂肪酸 | 3.71 | 0.44 | 2.96 | 4.64 | 1.68 | 11.82 |
| 不饱和脂肪酸 | 94.33 | 2.64 | 89.67 | 96.37 | 6.70 | 2.80 |
| 单不饱和脂肪酸 | 65.88 | 3.17 | 59.53 | 70.57 | 11.04 | 4.81 |
| 多不饱和脂肪酸 | 28.45 | 2.60 | 24.23 | 33.49 | 9.26 | 9.14 |

注： *为人体必需脂肪酸。

对不同种源间脂肪酸含量的变异分析（表2-13～表2-15）表明，西伯利亚杏仁脂肪酸含量存在丰富的多样性，6种脂肪酸变异系数介于4.91%～24.75%之间，平均值为14.71%，其中棕榈油酸的变异系数（24.75%）最大，变异幅度为0.24%～0.62%，油酸的变异系

数(4.91%)最小，变异幅度为 59.60%~70.02%。饱和脂肪酸的含量变异(11.82%)较大，而不饱和脂肪酸的含量变异(2.80%)相对较小。

表 2-13　不同种类脂肪酸含量相关性分析

| | 油酸 | 亚油酸 | 棕榈酸 | 棕榈油酸 | 硬脂酸 | 亚麻酸 | UFA | SFA | MUFA |
|---|---|---|---|---|---|---|---|---|---|
| 油酸 | 1 | | | | | | | | |
| 亚油酸 | -0.849 ** | 1 | | | | | | | |
| 棕榈酸 | -0.640 ** | 0.288 | 1 | | | | | | |
| 棕榈油酸 | -0.435 * | 0.234 | 0.609 ** | 1 | | | | | |
| 硬脂酸 | -0.416 * | 0.156 | 0.416 * | 0.380 * | 1 | | | | |
| 亚麻酸 | -0.203 | 0.024 | 0.262 | 0.479 ** | 0.185 | 1 | | | |
| 不饱和脂肪酸 UFA | 0.579 ** | -0.062 | -0.750 ** | 0.404 * | -0.537 ** | -0.307 | 1 | | |
| 饱和脂肪酸 SFA | -0.656 ** | 0.283 | 0.975 ** | -0.625 ** | 0.609 ** | 0.276 | -0.788 ** | 1 | |
| 单不饱和脂肪 MUFA | 0.976 ** | -0.853 ** | -0.628 ** | 0.406 * | -0.409 * | -0.189 | 0.574 ** | -0.644 ** | 1 |
| 多不饱和脂肪酸 PUFA | -0.851 ** | 0.912 ** | 0.291 | 0.240 | 0.158 | 0.036 | -0.066 | 0.287 | -0.855 ** |

表 2-14　不同类群各类脂肪酸含量比较

| 氨基酸 | 第Ⅰ类 | | 第Ⅱ类 | | 第Ⅲ类 | | 第Ⅳ类 | |
|---|---|---|---|---|---|---|---|---|
| | 均值± 标准差 | 变异系数(%) | 均值± 标准差 | 变异系数(%) | 均值± 标准差 | 变异系数(%) | 均值± 标准差 | 变异系数(%) |
| 油酸 | 63.22 ± 0.7 | 1.11 | 59.3 ± 0.44 | 0.74 | 69.18 ± 0.58 | 0.84 | 65.97 ± 0.91 | 1.38 |
| 亚油酸 | 30.71 ± 1.32 | 4.30 | 31.71 ± 1.61 | 5.08 | 25.8 ± 1.03 | 3.99 | 27.29 ± 1.39 | 5.09 |
| 棕榈酸 | 2.85 ± 0.36 | 12.63 | 3.4 ± 0.12 | 3.53 | 2.53 ± 0.23 | 9.09 | 2.7 ± 0.34 | 12.59 |
| 棕榈油酸 | 0.44 ± 0.08 | 18.18 | 0.57 ± 0.04 | 7.02 | 0.39 ± 0.11 | 28.21 | 0.46 ± 0.12 | 26.09 |

（续）

| 氨基酸 | 第Ⅰ类 | | 第Ⅱ类 | | 第Ⅲ类 | | 第Ⅳ类 | |
|---|---|---|---|---|---|---|---|---|
| | 均值±标准差 | 变异系数（%） | 均值±标准差 | 变异系数（%） | 均值±标准差 | 变异系数（%） | 均值±标准差 | 变异系数（%） |
| 硬脂酸 | 0.96±0.09 | 9.38 | 1.05±0.18 | 17.14 | 0.89±0.06 | 6.74 | 0.97±0.13 | 13.40 |
| 亚麻酸 | 0.14±0.03 | 21.43 | 0.13±0.02 | 15.38 | 0.12±0.02 | 16.67 | 0.15±0.04 | 26.67 |
| 不饱和脂肪酸 | 94.51±1.27 | 1.34 | 91.7±1.88 | 2.05 | 95.47±0.61 | 0.64 | 93.87±1.61 | 1.72 |
| 饱和脂肪酸 | 3.81±0.39 | 10.24 | 4.45±0.2 | 4.49 | 3.42±0.26 | 7.60 | 3.67±0.4 | 10.90 |
| 单不饱和脂肪 | 63.67±0.75 | 1.18 | 59.87±0.47 | 0.79 | 69.56±0.61 | 0.88 | 66.42±0.82 | 1.23 |
| 多不饱和脂肪酸 | 30.85±1.31 | 4.25 | 31.84±1.61 | 5.06 | 25.91±1.04 | 4.01 | 27.44±1.37 | 4.99 |

### 表2-15　基于聚类分析的优良种质（9个）各类脂肪酸表现情况

| 单株 | 油酸 | 亚油酸 | 棕榈酸 | 棕榈油酸 | 硬脂酸 | 亚麻酸 | UFA | SFA | MUFA | PUFA |
|---|---|---|---|---|---|---|---|---|---|---|
| 3 | 70.00 | 24.13 | 2.88 | 0.57 | 0.89 | 0.11 | 94.80 | 3.78 | 70.57 | 24.23 |
| 17 | 68.60 | 26.50 | 2.54 | 0.46 | 0.91 | 0.14 | 95.70 | 3.44 | 69.06 | 26.64 |
| 18 | 68.40 | 26.88 | 2.44 | 0.44 | 0.87 | 0.13 | 95.85 | 3.31 | 68.84 | 27.01 |
| 19 | 69.10 | 26.44 | 2.29 | 0.42 | 0.82 | 0.12 | 96.08 | 3.12 | 69.52 | 26.56 |
| 21 | 69.50 | 26.13 | 2.25 | 0.41 | 0.80 | 0.12 | 96.15 | 3.05 | 69.91 | 26.25 |
| 25 | 69.50 | 24.44 | 2.72 | 0.28 | 0.94 | 0.08 | 94.30 | 3.67 | 69.78 | 24.52 |
| 27 | 68.40 | 26.88 | 2.78 | 0.24 | 0.88 | 0.14 | 95.66 | 3.66 | 68.64 | 27.02 |
| 28 | 69.50 | 25.13 | 2.59 | 0.41 | 0.91 | 0.13 | 95.16 | 3.50 | 69.91 | 25.26 |
| 30 | 69.60 | 25.63 | 2.26 | 0.25 | 0.99 | 0.09 | 95.57 | 3.25 | 69.85 | 25.72 |
| 入选均值 | 69.18 | 25.79 | 2.53 | 0.38 | 0.89 | 0.12 | 95.47 | 3.42 | 69.56 | 25.91 |
| 总均值 | 65.44 | 28.31 | 2.76 | 0.44 | 0.95 | 0.14 | 94.33 | 3.71 | 65.88 | 28.45 |
| 现实增益（%） | 5.71 | -8.90 | -8.52 | -13.34 | -6.19 | -11.56 | 1.21 | -7.93 | 5.58 | -8.91 |

(4)基于脂肪酸的聚类分析及选择

根据各种脂肪酸在不同种质资源间的差异，以平均欧氏距离为遗传距离，经标准化后采用组间联接法进行聚类分析，在遗传距离为7.5处将参试种质资源分为四大类群，从上到下依次为第Ⅰ类、第Ⅱ类、第Ⅲ类和第Ⅳ类(图2-3)。第Ⅰ类群包括9份种质，该类群的各类氨基酸含量均中等水平。第Ⅱ类群包括3份种质，该类群的多不饱和脂肪酸(31.84%)、亚油酸(31.71%)含量是所有类群中最高的，但是对身体有害的饱和脂肪酸(4.45%)、棕榈酸(3.4%)、硬脂酸(1.05%)含量也是所有类群中最大的。第Ⅲ类群包括9份种质，该类群不饱和脂肪酸(95.47%)、单不饱和脂肪酸(69.56%)、

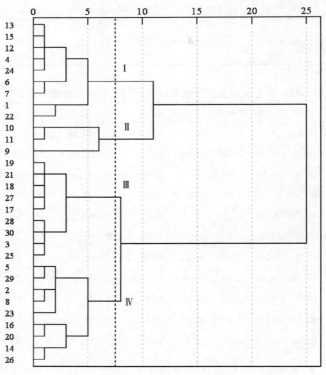

图2-3 西伯利亚杏仁脂肪酸聚类分析

油酸（69.18%）含量均是所有类群中最高的，且饱和脂肪酸（3.42%）含量最低，是最优类群，开发利用价值最大。第Ⅳ类群包括9份种质，该类群亚麻酸（0.15%）含量相对较高，其他脂肪酸含量都在中等水平，属于中等类群。第Ⅲ类群的不饱和脂肪酸含量高，饱和脂肪酸含量低，其所包含的9个种质是最优种质。尽管多不饱和脂肪酸没有得到理想的选择增益，但是不饱和脂肪酸、单不饱和脂肪酸以及饱和脂肪酸的选择增益分别为1.21%、5.58%和7.93%，都能够获得较为理想的改良效果。

西伯利亚杏仁18种氨基酸种类齐全，为完全蛋白，总氨基酸含量平均为30.11g/100g，高于长柄扁桃仁（26.78g/100g）、山桃仁（27.20g/100g）和核桃（18.73g/100g），含量丰富，其中谷氨酸含量（7.60g/100g）最高，蛋氨酸含量（0.14g/100g）最低。不同氨基酸在不同种质间存在丰富变异，总氨基酸含量和必需氨基酸含量的变异系数分别为19.42%和18.74%，各种氨基酸的变异系数在12.54%~36.36%之间，色氨酸的变异系数（36.36%）最大，精氨酸的变异系数（12.54%）最小。变异系数越大说明性状在个体之间的差异越大，遗传多样性程度越高，西伯利亚杏仁氨基酸含量的多样性使其具有较大选择潜力。各类氨基酸的含量变异较大而氨基酸总量和必需氨基酸含量相对稳定，这与对杜仲雄花氨基酸的研究结果类似。

通过氨基酸模式谱对比以及比值系数法对西伯利亚杏仁氨基酸进行营养评价，结果表明西伯利亚杏仁中Phe+Tyr和Leu占总氨基酸的比例高于WHO/FAO氨基酸模式谱，Val、Ile、Trp所占比例接近于模式谱标准，能满足成人需求，接近于花生、小麦、长柄扁桃等蛋白植物。研究表明大豆蛋白与玉米蛋白按一定比例混合，可显著提高蛋白质利用率，西伯利亚杏仁中Thr、Met+Cys、Lys低于模式谱标准，因此将氨基酸组成与其互补的鸡蛋、牛奶等蛋白原料以适当比例和杏仁蛋白混合可以提高各自的利用率。西伯利亚杏仁SRC均值为63.14，和长柄扁桃的69.13和冬虫夏草的66.98相当，营养价值较高，同时西伯利亚杏仁的药用氨基酸、味觉氨基酸和儿

童必需氨基酸含量丰富。尤其是鲜味氨基酸和药用氨基酸含量极高，分别占总氨基酸含量的 38. 22% 和 71. 98%，含量接近于大豆，而所占比例明显高于其他植物，其药用氨基酸含量甚至高于党参（杨鲜等，2014）（70%）、杜仲雄花（67. 22%）、西藏产冬虫夏草（57. 54）等传统中药，是具有较高药用价值的植物蛋白，丰富的鲜味氨基酸和药用氨基酸使得西伯利亚杏仁有巨大的产品开发潜力。

对不同种源西伯利亚杏仁氨基酸含量进行比较，各种源必需氨基酸总量存在一定差异，但各种氨基酸所占比例相似，各种氨基酸含量排序为：巴林右旗 > 凉城 > 科右中旗 > 科左后旗 > 敖汉旗 > 扎鲁特旗 > 万家沟 > 和林格尔县。对不同种源西伯利亚杏仁氨基酸营养价值进行评价，各种源西伯利亚杏仁的氨基酸的 RAA 和 RC 值差别不大，第一限制氨基酸基本为 Met + Cys，各种源 SRC 排序为：和林格尔县 > 万家沟 > 扎鲁特旗 > 科左后旗 > 科右中旗 > 巴林右旗 > 敖汉旗 > 凉城。各种源氨基酸含量和营养均衡性的排序出现了相反情况，这一规律在长柄扁桃（姜仲茂等，2017）中也存在。

通过对西伯利亚杏仁各种氨基酸的相关性分析发现氨基酸总量、必需氨基酸、药用氨基酸含量、鲜味氨基酸、芳香族氨基酸、甜味氨基酸和儿童氨基酸相互之间均存在极显著（p < 0.01）正相关关，相关系数都在 0.9 以上，即氨基酸总量越高，各类别氨基酸含量越高，且各类氨基酸含量之间的比例关系相对稳定。本研究对西伯利亚杏仁氨基酸含量进行聚类分析，得到四大类群，初步明确了各类群特征，第Ⅰ类群氨基酸含量较低，表现较差。第Ⅱ类群的总氨基酸、必需氨基酸、儿童氨基酸、鲜味氨基酸、甜味氨基酸、芳香族氨基酸、药用氨基酸的含量均是所有类群中最高的，包含最优种质，开发利用价值最大，可为西伯利亚杏仁优质蛋白资源的开发利用提供材料。第Ⅲ类群、第Ⅳ类群属于中等种质，仅次于第二类群，经进一步改良后有很大开发利用潜力。综上所述，本研究系统调查了内蒙古不同种源的西伯利亚杏仁氨基酸组成和含量，并进一步对不同种源种质其进行营养价值评价，对不同种质进行相关性和聚类分析，

得到了 4 个育种类群，为该地区的优良蛋白资源保护、挖掘及新品种的选育提供了重要的物质基础和理论依据。第 Ⅱ 类群的各类氨基酸含量均最高，其中总氨基酸含量 37.26g/100g，必需氨基酸含量 9.84g/100g，儿童氨基酸含量 4.36g/100g，味觉氨基酸含量 24.19g/100g，药用氨基酸含量 25.79g/100g，此类群各类氨基酸的现实增益范围为 22.35%~52.54%，平均值为 32.60%，具有较高的选择增益，能够同时使得每个性状均获得较为理想的改良效果。

西伯利亚杏仁主要分离出油酸、亚油酸、亚麻酸、棕榈油酸、棕榈酸、硬脂酸等 6 种脂肪酸，饱和脂肪酸的相对含量平均值为 3.71%；不饱和脂肪酸的相对含量平均值为 94.33%；单不饱和脂肪酸的相对含量平均值为 65.88%；多不饱和脂肪酸的相对含量平均值为 28.45%。6 种脂肪酸变异系数介于 4.91%~24.75% 之间，其中棕榈油酸的变异系数（24.75%）最大，油酸的变异系数（4.91%）最小。饱和脂肪酸的含量变异（11.82%）较大，而不饱和脂肪酸的含量变异（2.80%）相对较小。各类氨基酸含量之间关系密切，不饱和脂肪酸主要为油酸。聚类分析将种质资源分为 4 个类群，第 Ⅲ 类群为最优类群，不饱和脂肪酸含量高达 95.47%，饱和脂肪酸含量低至 3.42%，其中单不饱和脂肪酸 69.56%，此类群 9 个单株的不饱和脂肪酸、单不饱和脂肪酸以及饱和脂肪酸都能够获得较为理想的改良效果。

7. 西伯利亚杏遗传多样性分析

通过前面对西伯利亚杏形态特征、经济性状、品质性状等的分析，对西伯利亚杏有了初步了解，但是表型特征、经济、品质等性状形成和测定易受环境条件、人为误差等的影响，因此，仅靠表型性状等的研究精度还远远不能满足未来生产中对西伯利亚杏良种定向培育的要求。为了系统评价西伯利亚杏群体的遗传多样性水平，在本部分分别以大扁杏、普通杏和西伯利亚杏为研究对象，采用 PCR 扩增、产物测序、序列拼接和生物信息学分析等的方法获取 3 个树种的叶绿体全基因组序列，并通过对序列的注释、比较及系统进化分析（图 2-4），在叶绿体全基因组序列水平上对大扁杏、普通杏

和西伯利亚杏的进化关系进行系统研究，系统探讨了西伯利亚杏的
分类地位、起源特征、叶绿体 DNA 的特征等。

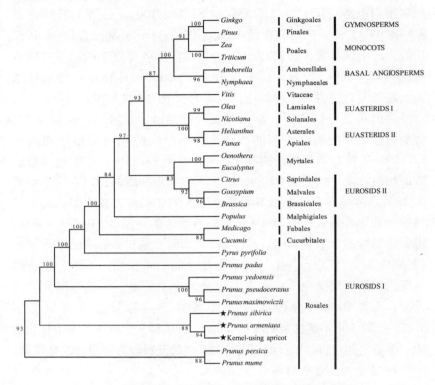

**图 2-4 基于叶绿体全基因组序列的杏属植物聚类分析**

注：各分支支持率展示在相应节点处，黑色星号代表本次测定的 3 个杏属植物。

在整个系统树中，大扁杏、普通杏和西伯利亚杏聚在一起（图 2-5、
图 2-6），其中，大扁杏以 94% 的支持率优先与普通杏聚在一起，而
后西伯利亚杏以 88% 的支持率与大扁杏、普通杏聚在一起，说明杏
属植物中大扁杏与普通杏亲缘关系最近。杏属植物与樱花、樱桃、
黑樱桃和桃亲缘关系最近，分别形成稠李属分支、樱属分支、杏属
分支和桃属分支，并依次组成姐妹关系，组成李亚科植物。其他目
科植物也依次亲缘关系近而聚为一组，其中，裸子植物与被子植物

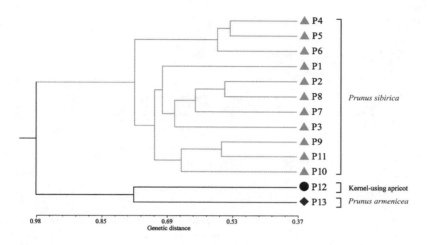

**图 2-5　大扁杏、普通杏和西伯利亚杏 Neiś 遗传距离的 UPGMA 聚类分析**

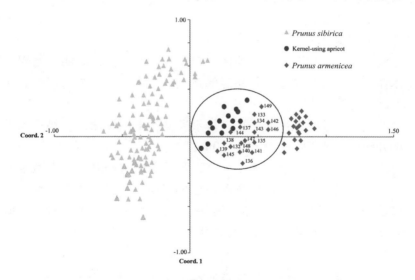

**图 2-6　大扁杏、普通杏和西伯利亚杏的主坐标分析**

明显的各自聚为一支，双子叶植物内部系统关系也较清晰，包括蔷薇亚纲和菊亚纲，并且葡萄科在两者其间。

第三章

# 仁用杏良种繁育及建园技术

## 一、仁用杏良种苗木繁育技术

良种繁育是仁用杏优质高效栽培十分重要的环节。目前我国仁用杏生产中良种苗木培育主要采用嫁接繁殖方法，该方法育苗周期较长，出圃一般需要 2 年时间；仁用杏组织培养和人工打破种核休眠快速育苗的方法也取得了一定的成效。

### （一）苗圃地选择

1. 苗圃地选择

圃地尽量选在集中造林地区、交通便利的地方，既能满足周边苗木需求，又可减少苗木长途运输造成的苗木失水，提高栽植成活率，减少运输成本。

苗圃地要选择背风向阳处，排水通畅，土层深厚，地势较为平坦的开阔地，地下水位稳定在 1.0m 以下。

土壤一般以砂壤土和壤土为宜，要求土质疏松肥沃，灌溉条件良好。选择圃地时，应避免重茬、老果园地块、鼠害严重地块，忌在涝洼地、盐碱地、土质黏重地块上培育杏苗。圃地土壤 pH 值 6.0~8.0，水源土壤含盐量不超过 0.2%。

2. 整地

圃地确定后，每亩施入腐熟基肥 3~5m³，均匀撒在地面，深耕 25cm 左右，耙平。做畦宽 1.0~1.5m，长 20~30m 或依地块长短确定，畦埂高 25cm 左右，畦向以南北方向为好。在冬春降水少的干旱地区，应该在入冬前或早春灌水增加土壤含水量。

### （二）砧木苗培育

1. 砧木选择

优良的砧木对提高嫁接成活率和抗逆性、产量和品质形成都具有重要意义。仁用杏种类繁多，如大扁杏、西伯利亚杏、普通杏（肉仁兼用）、辽杏、紫杏等，这些种其种间亲缘关系及生长发育特性和生态适应性均存在较大差异。因此，选择砧木时应注意砧穗亲和性及砧木抗逆性。同时，随着育种技术的进步，远缘杂交良种越来越多，如仁用杏和扁桃杂交获得的属间杂交种质资源，这些新种质材料复杂的遗传背景要求科学选择砧木，防止嫁接不亲和、嫁接变异、种质退化等现象的发生（彩图5）。杏属植物种与种之间的亲缘关系较近，一般情况下，种间可互为砧木材料。需要注意的是，砧木、接穗间亲缘关系越远，嫁接的遗传稳定性越低。另外，随着嫁接次数的增加也存在品种优良特性退化的现象，造成这种现象的主要原因可能在于嫁接杂种的遗传倾向是向着接穗和砧木的中间状态转变有关。因此，仁用杏嫁接生产中，应重点关注接穗和砧木间的亲和性及维持相对较长的嫁接稳定性为原则，理论上以选择植物分类地位在同一种的后代种子繁育的苗木作为砧木为宜。

在生产中，仁用杏一般选择山杏作为砧木：一方面，山杏适生范围广，种子来源丰富，种子小且种仁饱满，发芽率高，育苗成本低；另一方面，山杏长期进化过程中形成了适应性广、抗逆性强等优点（彩图5A），适合作仁用杏嫁接的砧木。

山桃适应性强、抗逆性强、嫁接易鉴别等优点，在生产中也被广泛用作仁用杏嫁接砧木。但需要注意的是，用山桃做砧木嫁接仁用杏后其根部容易滋生根蘖，管理成本较高，且由于较仁用杏生长快，在嫁接部位形成"大脚"现象（彩图5B），在风大的地方容易"风折"。

大扁杏产量高、生长快、抗逆性较强，也可作为砧木，但种子较大且价格较贵，育苗成本较高。其他种如普通杏、紫杏、李、梅等用作仁用杏砧木较少。在选择上述资源作砧木时应认真甄别，防

止嫁接不亲和造成后期植株死亡，或者砧木和接穗生长速度不一致导致的"小脚"情况（彩图 5C、D），不利于嫁接嵌合体生长发育和获得较高的经济产量。

2. 砧木种子采摘

用于生产砧木种子的母树应选择生长健壮、无病虫害的成年大树，果实充分成熟（果皮变黄）后及时采收，并及时脱去果肉，量小时可人工剥离果肉，量大时可用机械脱去果肉，脱壳过程中不伤及种仁。切忌堆沤腐烂的方法脱去果肉，否则堆沤过程中发热导致种子失去活力；脱去果肉后的种核放入清水中漂洗，将漂浮在水面的秕粒及杂质去除，并及时晾晒，晒干的种子用编织袋或麻袋储存于阴凉干燥处备用。经过筛选的种子发芽率可达 95% 以上。

3. 种子沙藏催芽

种子沙藏的原则宜迟不宜早，因为北方春季地温上升快，过早催芽导致播种季节芽萌发过长，而春季气温还没有达到播种要求，无法播种。中原地区，一般 12 月上中旬，东北地区 11 月上中旬。选择排水良好，通风背阴处，地下水位在 2.0m 以下，沿东西方向挖层积沟。沟深和沟宽各 1.0m，沟长视种子多少而定。种子量少时，将山杏种子放入容器内用清水浸泡 5~7 天，每隔 1~2 天换一次清水。为了保证种子出芽整齐，可在最后一次换水后加入适量赤霉素，制成 100mg/kg 的赤霉素浸泡溶液；若种子量较大时，可将种子放入编织袋内投入干净水池中浸泡 5~7 天，待种仁吸水膨胀后取出。沙藏时种核与河沙体积比 =1:3，将种核与河沙充分拌匀，河沙湿度以手握成团不滴水松手而散为宜。沙藏时，沟底先铺一层 10cm 厚的河沙，然后将混拌的种核填入层积沟内，将种沙填至离地面 20cm 左右，用湿沙填至与地面平，在沙上面覆土 20cm 左右，在层积沟四周挖排水沟。

沙藏时间长短根据当地气候而定，黄淮地区一般在 60 天，三北地区 120 天左右。春季气温上升后，播种前 20 天，应经常翻动沙藏的种子，使上下部种子温度均匀发芽整齐，当种子 70% 露白（俗称

"咧嘴")(彩图6A)时即可进行播种。

春季未沙藏的种子，可用沸水浸种处理催芽。具体操作：播种前15~20天，将种子放入竹筐或竹篮，在沸水中浸泡不超过30s，立即放入冷水中浸泡，目的是通过冷热交替促使打破休眠和种核吸水，冷水浸泡时，放入100mg/kg浓度的赤霉素效果更好，种子萌动快，发芽整齐，至种仁吸水膨胀后捞出放入竹筐或塑料筐内，每天用40~45℃温水冲洗种子1~2次进行催芽，直到种核开口萌动，即可播种。

**（三）播种及管理**

1. 播种方法及播种量

播种方法，采用单行沟播或双行沟播(彩图6B、C)，每亩播种量25~35kg种子。播种时间分秋播和春播两种。

秋季播种。育苗面积大时可采用秋播的方法，在土壤封冻前进行。秋播应在鼠害、鸟害发生轻的地块进行或做好防护措施。秋播整地前，如果土壤水分不足时应及时灌水。秋播种核按前述的浸泡方法处理。秋播一般开沟深度8~10cm，播后覆土与地面平。在干旱地区最好覆盖地膜(彩图6D)，以保持圃地土壤湿度，利于种子出苗。

春季播种。根据不同地区气温而定，通常黄淮流域于3月上旬进行，辽宁、内蒙古等地于4月上旬进行，春播种子必须进行沙藏或催芽处理，待种子"露白"时播种。春播播种深度要浅，一般播种时按沟深5~6cm，单行沟播行距40~50cm，双行沟播采取宽窄行40cm×20cm，株距10cm左右，为保证种子出芽整齐在播种沟内浇底水，待水渗入土壤后再播种，播后覆土5cm。在干旱地区最好覆盖地膜，既保持圃地土壤湿度良好，又使地表温度迅速升高，以利于幼苗出土和生长。

2. 苗期管理

（1）出苗管理

无论秋播还是春播，当幼苗(彩图6E)出土达70%以上时及时揭去地膜。露地播种时，土壤过于干旱影响出苗时，采用喷灌或小水

浇灌，待灌水渗入土层后，为防止土壤板结影响出苗，应用铁爪松散土表。同时做好驱散鸟兽等啄食、盗食种子或损害幼苗的管理工作。

（2）间苗和定苗

当幼苗长到 3~5 片真叶时进行间苗，剔除双株苗、弱苗、病苗，每亩留苗量 8000~10000 株。杏树为深根性树种，主根发达，如果将杏苗断根可明显增加侧根数量，促进侧根生长量，控制苗木徒长，促使苗木健壮生长，增加苗木抗性能力，提高苗木移栽成活率。断根方法为：待幼苗高 30~40cm 时，用断根铲在苗木一侧呈 45°斜角入土切断主根，断根后及时浇水，保证幼苗正常生长，加快侧根生长，苗木根系发达，生长健壮。催芽播种的幼苗一般不需断根处理，实践中发现催芽种子的胚根顶端易受损伤，侧根较发达。

（3）肥水管理

间苗后苗木进入速生期（彩图 6F），应当加强水费管理。若当年嫁接成苗，从 4 月中下旬开始需每月追施 1 次复合肥，施肥 2~3 次，每次施肥量 10~15kg/亩；也可每隔 15 天叶片喷施 0.3% 尿素、磷酸二氢钾等叶面肥，能够加快苗木生长。若第二年春天嫁接，砧木苗在 5 月中下旬和 7 月上中旬施肥 1~2 次。施肥后及时灌溉。

出苗后，土壤含水率降到 15% 以下，或上午 10：00 前、下午 16：00 后幼苗叶片出现萎蔫情况，应及时灌水。8 月以后应停止施用氮肥，以防止苗木生长过旺，梢部木质化程度低，冬季遭受冻害。雨天应及时排水，以免积水烂根。

（4）松土除草

生长季节松土除草 4~5 次。苗圃肥水条件较好，杂草生长快，繁殖力强，与幼苗争水争肥，有些杂草还是病虫媒介和寄生地，因此苗圃地必须及时除草和中耕。一般结合施肥和灌水进行除草，保证田间无杂草。松土可以疏松表土，减少蒸发，防止地表板结，促进气体交换，提高土壤中有效养分的利用率，给土壤微生物活动创造有利条件。前期幼苗生长矮小，根系较浅，应浅锄，深度为 2~

4cm；中后期苗木生长旺盛，根系发达，可适当深锄，深度8～10cm。

（5）摘心壮苗

为了壮苗，当苗高60cm左右时及时摘除苗木顶端嫩尖，俗称"打顶"，打顶破坏了顶端优势和内源激素的平衡，促进苗木的加粗生长和木质化程度。同时，剪除主干分枝，以利于壮苗和后期嫁接。

（6）病虫害防治

应及时防治苗期病虫害。杏树幼苗的虫害主要有蚜虫、金龟子、象鼻虫、红蜘蛛、金针虫、地老虎、大绿叶蝉、刺蛾类等，特别注意蚜虫、金龟子、象鼻虫、红蜘蛛等的危害。防治金针虫和地老虎可采用撒辛硫磷毒土的方法，施用量为每亩量取50%的辛硫磷乳油250ml，加入适量清水稀释后与30kg细沙土拌匀，均匀撒于苗木根部即可；蚜虫可用2.5%溴氰菊酯5000倍液喷施叶面防治，也可用吡虫啉、避蚜灵、灭蚜威等2000倍液喷施防治；红蜘蛛防治可使用10%哒螨灵乳油1000倍液或与5.7%甲维盐乳油3000倍液混合均匀后喷雾防治，一般应连续喷施2次，间隔期为7～10天；金龟子、大绿叶蝉、刺蛾类等食叶类害虫可用90%敌百虫1000倍液、2.5%溴氰菊酯5000倍液、80%敌敌畏乳油1000倍液等喷施防治，都可取得良好防治效果。

杏树幼苗的病害主要有立枯病（又称猝倒病）、白粉病等少量病害发生。其防治方法在发病初期可喷洒38%恶霜嘧铜菌酯800倍液，或41%聚砹·嘧霉胺600倍液，每隔10～15天喷1次；或用波尔多液（1:1:200）灌根。

（7）砧木苗标准

当年嫁接的优质砧木苗的地径粗度应达到0.6cm以上，且木质化良好、嫁接口处光滑少侧枝、苗木分布均匀、无病虫危害等，合格苗木应达到90%以上。

**（四）良种嫁接苗的培育**

1. 接穗的采集、运输、贮藏

接穗母树选择：从采穗圃中选择品种优良、树势健壮、无病虫

危害、稳产优良的仁用杏良种做接穗(彩图6G)。接穗宜选则树冠外围上部,生长旺盛的1年生枝条,这些枝条的芽眼饱满,生理年龄成熟,嫁接后可迅速进入结果期,提早结果。接穗的粗度0.5cm以上,木质化良好。

接穗采集时间:应根据嫁接时间而定,春季嫁接一般在2~3月休眠期采集接穗,并做到随剪随贮,每100条扎成一捆记好品种名称;中原地区,除了春季嫁接外,6~8月也可以嫁接,接穗嫁接前采集即可。夏秋季嫁接所用接穗,最好随采随接。采穗后立即放阴凉处剪掉叶片,留3mm左右的短柄,注意保湿,带到田间的接穗要用湿布包好或放入盛水桶(盆)中置背阴处。

接穗保鲜与贮藏方法:外运少量接穗宜随身携带,接穗先用湿毛巾或湿布包上一层,再用塑料薄膜包裹,置于泡沫箱,泡沫箱内放2~3瓶冻好的冰水,保持2~10℃温度。接穗量大需托运时,接穗每100枝一捆,贴好品种标签,包上塑料薄膜,用冷藏车运输。接穗运嫁接地后,立即放入2~5℃冷库低温贮藏。冬季接穗冷藏时间1~2个月,夏秋季接穗低温贮藏时间不超过10天。冷藏的接穗随接随取,接穗从冷库取出到嫁接时间不超过6h,期间接穗用湿毛巾保湿。接穗蜡封保存方法:生产中也常采用蜡封的方法进行接穗的保鲜。首先,将接穗剪成10cm左右的枝段,每个接穗一般保留3~4芽,然后进行封蜡。封蜡的配方为工业石蜡:松香:松节油=95:4:1。具体操作,先将石蜡放在较深的容器内加热融化后,分别放入松香和松节油,待蜡温达95~98℃时,即可对接穗进行蜡封处理。为避免直接加热导致蜡温过高造成起火,可将盛放石蜡的容器放入沸水中加热,也便于掌握温度。操作时,用滤网或漏勺将剪好的接穗迅速在蜡液中浸泡并立即捞出,一次可蜡封20~30根接穗。要注意把握蜡温和蜡封处理时间,蜡温不要过低或过高,过低则蜡层厚,易脱落,过高则易烫伤接穗。蜡封接穗的动作越熟练,越快(时间在1s以内,一般为0.1s)封蜡效果越好。为了使蜡封接穗快速降温,蜡封处理后的接穗要快速投入预备的冷水容器中或摊开晾晒,切不可将刚刚蜡封完的接穗堆积在一起，以免蜡封的接穗不能快速散热降温烫伤而影响成活，也避免接穗黏连。一般每10000根接穗约需备蜡2.0~3.0kg。在选择石蜡时，要选择熔点高的石蜡，熔点低的石蜡遇高温天气易溶化失去保护作用，降低成活率。松香具有黏着作用，加入松香能使石蜡紧紧地粘在接穗上，在接穗表面形成蜡质保护层，防止接穗脱水。松节油能够刺激接穗自身的养分循环，从而低到促进发芽的作用。

2. 嫁接前的准备

夏季嫁接前5~7天应灌一次水，保证砧木水分充足，树液流动旺盛；春季嫁接前7~10天应灌一次水，保证砧木水分充足，嫁接口愈合快，提高嫁接成活率。

准备好嫁接刀、枝剪、水桶或篮筐、嫁接绑缚物等材料。

3. 嫁接时间与方法

（1）方块芽接

方块芽接（彩图6H）是仁用杏夏季嫁接的主要方法，砧木直径0.6cm以上，砧木和接穗均离皮。5月下旬至6月中旬嫁接可实现当年播种当年嫁接当年成苗的目的（俗称"三当苗"）。如果第二年成苗，可推迟到7月中旬至8月底嫁接。

砧木处理：将杂草清理干净，在砧木离地面20cm以内的侧枝剪除，便于嫁接，用双刃刀在砧木距离地面10cm左右的光滑处切取"口"字形嫁接口，将树皮剥离。

切削芽片：用上述相同的方法，从接穗上选取一枚饱满的芽片切下，呈"口"字形，大小与砧木切口吻合。取芽时，注意连同芽轴一起取下，否则虽芽片愈合但不能萌芽。

嫁接：将切下的芽片贴入砧木切口处，使接芽与砧木形成层对齐，用塑料条捆绑扎紧，包扎时露芽，便于萌发。嫁接后7天左右接口即可愈合。如果当年成苗应在嫁接后7~10天在嫁接口上方2cm处折砧或剪砧，15天左右芽眼可以萌发；如果第二年成苗，于春季萌芽前半个月左右在嫁接口上方2cm处剪砧。

（2）带木质嵌芽接

带木质嵌芽接（彩图6I）是带木质部芽接的一种方法，春季、夏季和秋季均可应用。尤其适于在砧穗不离皮情况下应用。

砧木处理：在砧木离地面10cm光滑处，用芽接刀向下斜切一刀，切口长2.5cm左右，深度不超过砧木直径的三分之一，然后在切口的下端斜切一刀，两刀相交取下被削掉的部分，露出舌状的切口。

切削芽片：用同样的方法，在接穗上选一饱满芽，用同样的方法削取带木质的盾形芽片。削取的接芽长度略比砧木切口短。

嫁接：将削好的带木质的盾形芽片嵌入砧木切口，芽片与砧木两边或一边形成层对齐，用塑料条包扎好，包扎时露出芽眼。

夏季7天左右接口即可愈合，如果当年成苗应在愈合后在嫁接口上方2cm处剪砧，15天左右芽眼可以萌发；如果第二年成苗，于春季萌芽前在嫁接口上方2cm处剪砧。

（3）"丁"字形芽接

砧木处理：将杂草清理干净，在砧木离地面20cm以内的侧枝剪除，便于嫁接。嫁接时先用嫁接刀在砧木距离地面10cm左右的光滑处横切一刀，然后再竖切一刀呈"丁"字形，竖刀长度1.5cm左右。

切削芽片：在接穗上选取一枚饱满的芽片，在芽的上方横切一刀，深达木质部，然后在芽的两侧切成盾形的切口，深达木质部，将盾形芽片剥离。取芽时，注意连同芽轴一起取下。

嫁接：将砧木的"丁"字切口剥开，把盾形芽片插入砧木切口内，使接芽上方与砧木"丁"字横切口韧皮部对齐，用塑料条捆绑扎紧，包扎时露出芽眼，便于萌发。此种方法7天左右接口即可愈合，如果当年成苗应在愈合后在嫁接口上方2cm处剪砧，15天左右芽眼可以萌发；如果第二年成苗，于春季萌芽前在嫁接口上方2cm处剪砧。

（4）腹接

此法适用较细砧木嫁接，4月均可进行。

砧木处理：在砧木离地面5cm处用剪枝剪将其上部剪掉，选平直光滑的一面，在剪口下方1cm左右处，用刀呈30°由浅入深向下斜切一长2.5~3cm的斜切口，切口深度达砧木直径的三分之一至二分之一，切口要求平直。

切削接穗：在接穗下端的一侧用刀呈30°由浅入深向下斜削一长2.5~3cm的平斜削面，在该削面的对面用刀呈45°由浅入深斜削一比前一削面稍短的削面。接穗削面上留2~3个芽。

嫁接：将接穗下端的长削面向内插入砧木切口中，使接穗和砧木一侧对齐，然后用1cm宽的塑料条将接合部捆紧扎严。

（5）舌接

此法适用于较细的砧木，3月下旬至5月上旬均可用此法。

将接穗和砧木各削成一个"马耳朵"形的斜长削面，长度约2.5cm，再在削面上端的三分之一处纵切一刀，深度0.5cm左右。嫁接时用手将接穗和砧木的斜削面一侧对齐卡在一起，使两个削面吻合，用1cm宽的塑料条将接合部位绑严扎实。

**4. 嫁接后的管理**

①苗圃地嫁接后禁止禽畜和人为践踏，以免损伤接穗或接芽，造成嫁接失败。

②嫁接愈合后要及时检查成活情况（彩图6J），未嫁接成活的植株及时进行补接。

③除萌和抹芽。嫁接成活后要及时抹除砧木上的萌蘖，同时在接穗上选留一个健壮的萌枝（彩图6K），将多余的萌枝抹掉（彩图6L）。

④防治害虫。接芽萌发后易遭卷叶蛾、金龟子、蚜虫、红蜘蛛等危害，发现害虫时应及时防治，方法同砧木苗的病虫防治。

⑤解除绑扎物。待嫁接苗长到30cm以上时，用刀将塑料条从嫁接部位背面割开，否则随着苗木粗度增加，塑料条缢入嫁接部位造成接穗断裂。

⑥设支杆防风折。在风大的地区或高接换头树，当接穗长至50cm以上时，为防止风折，应设支杆，将接穗枝条绑缚在支杆上。

⑦摘心。对高接换头的大树，当接穗枝条长至50cm以上时，及时摘心，促进分枝，恢复树冠，为结果打下基础。

⑧加强田间管理。为了促进苗木生长，嫁接成活后，应加强施肥、浇水、除草等田间管理（彩图6M）。对于"三当苗"，接穗萌发长至20cm以上时，应每隔15~20天配合浇水追施一次复合肥，施用量每亩10~15kg，也可将追肥、灌水与松土除草结合起来进行；对于第二年成苗的嫁接植株，萌芽前浇一次萌动水，苗高达到20cm以上时，每月施一次复合肥，施用量每亩地15~20kg。生长季前期以氮、钾复合肥为主，后期以磷钾复合肥为主，提高越冬抗寒能力。

5. 嫁接中的注意事项

（1）接穗和接芽的质量

接穗的质量和贮运的好坏对嫁接成活影响很大。因此，采集接穗时，应选生长健壮的初结果母树，选择树冠中上部外围发育枝，要求枝条通直浑圆，芽体饱满，节间长短适中，无病虫危害。

外运的接穗要经过检疫，以防止病虫害的传播蔓延。各地根据本地区的情况制定对策，对流行性疫病，严格控制和防治。做到疫区不出境，新区不引进。在调运期间，一经发现必须立即销毁。

嫁接前对接穗要仔细的检查和挑选。对春季嫁接的接穗，从表面看，接穗表面不皱皮，光亮、新鲜，用手摸光滑；剥开树皮看韧皮部仍呈浅绿色，一旦发现韧皮部变成浅黄色，生活力下降影响嫁接成活，应禁止使用，以免造成失败和浪费。嫁接前可将接穗提前一天放在水桶中浸泡，基部没水深度2cm，使其充分吸水，以提高成活率。

（2）选用生长健壮的砧木

生长不良或病虫危害严重的砧木，嫁接愈合不良，成活率低，即使成活生长也较为缓慢。因此，要加强砧木的田间管理，培育健壮砧木，不但嫁接后接口易于愈合，而且嫁接成活率高，生长旺盛，接口亲和紧密，不宜风折。最好保证一次嫁接成活，否则再次嫁接的植株，因剪砧造成光合产物减少，营养积累少，砧木生长变弱，再次补接成活率仍然较低。同时，造成嫁接部位伤口愈伤组织瘤状突起，增加再次嫁接操作难度。

（3）适时嫁接

不同的嫁接方法都有适宜的嫁接时期，过早过晚嫁接都不同程度的影响嫁接成活率。如春季嫁接，若嫁接时间过早，因气温较低，伤口愈合慢，接芽失水，嫁接成活率下降；过晚嫁接则温度高，接口未愈合而接穗萌芽，消耗大量营养，形成假活，导致嫁接失败。不同年份春季气温波动较大，嫁接时最好依气温而定，一般在日均温稳定在 10℃ 左右可开始嫁接。黄淮流域当年成苗的仁用杏最好在 6 月上旬以前嫁接，接芽萌发后可充分利用 6~8 月的仁用杏速生期快速生长的特点，使嫁接苗生长量达到一级苗标准。

（4）嫁接速度要快

杏树枝条单宁含量较高，接芽在空气中易氧化降低成活率。因此嫁接动作要准确迅速。要求嫁接刀锋利，削面平滑，尽量缩短削面在空气中的暴露时间。嫁接时要先削砧木再削接穗，严防接穗失水，并充分增大接穗与砧木削口处形成层的接触面，绑紧扎严是成活的关键。

（5）嫁接部位要低

无论采用哪种方法，嫁接部位越低越好，因为越低，其砧木皮层越厚，含水量高，所以嫁接容易成活。由于嫁接部位低，砧木萌蘖少，节省养分，同时减少除萌用工，而且苗木抗风性增强，保存率高。

（6）及时进行补接

春季嫁接时要准备好补接用的接穗。嫁接后结合除萌经常检查成活情况。枝接后 7~10 天，如接穗表面已失去光泽，接芽干瘪未萌动，接穗表皮出现失水皱熠，说明接穗与砧木未愈合，接穗枯死，应及时进行补接。嵌芽接的，接后 10 天，如芽片变褐，说明接芽已死，应及时补接。

6. 苗木出圃

（1）起苗时间

起苗可分为秋季和冬季起苗。秋季起苗从落叶后到冬季土壤上

冻前，黄淮流域约在11月中旬到12月下旬，三北地区约在10月下旬到11月下旬；春季起苗在春季土壤解冻后到苗木萌动前，黄淮流域2月底到3月下旬，三北地区通常较黄淮地区晚1个月左右。辽宁、河北、内蒙古等地冬季温度低，冬季造林的仁用杏苗木难以越冬，应春季土壤解冻后到苗木萌芽前起苗造林。

（2）起苗方法

大量起苗可用机械（起苗犁）起苗，少量的苗木可人工起苗。起苗深度应超过25cm，起苗时要做到根系完整，少伤根，防止碰伤苗干，起苗后进行苗木分级，剔除弱苗、病苗，不合格苗木不准出圃。一般起苗前应根据土壤水分情况提前3~5天浇透水利于起苗和苗木成活。

（3）苗木假植

分级后的苗木不能及时外运时，要选择交通方便、背风阴凉处，挖深、宽各60~80cm的假植沟，沟长视苗木数量而定。将苗干稍稍倾斜埋于沟内，假植时，使苗木根系伸展，根部用湿沙或湿土埋严，然后浇透水，待水完全渗入土层后再覆盖一层泥土，防止苗木风干、暴晒而失水死亡。

（4）包装、运输

长途运输的苗木要进行苗木保湿处理。一般将苗木根部蘸泥浆，蘸泥浆的方法为：首先在苗圃地挖一土坑，坑的大小视蘸浆的苗木多少、大小而定，深度50cm左右，然后选择偏黏的土壤，在土坑中把黏土块打碎，然后浇水，搅拌均匀呈稀泥浆状。泥浆既不能过稠也不能过稀，如果泥浆偏稀，根系挂浆太薄，达不到保水的效果。如果泥浆过稠，影响根系的呼吸，增加运输成本。泥浆和成后，用一株杏苗进行蘸浆试验，若泥浆均匀的挂在根系上，拉起后泥浆不脱落，说明泥浆稠稀合适。此外，也可以在泥浆中加入适量的生根剂，如10mg/kg的ABT3号生根粉，或加入适量的微肥。应当注意泥浆避免用沙土配置。

蘸浆时每捆30~50株，将根部放入泥浆中搅动，根系均匀挂浆后提出放在一旁将多余的泥浆沥出，然后用编织袋或塑料袋包裹，同时挂上标签，注明品种、数量、等级、出圃日期、产地。运输过程中车辆要遮盖篷布，寒冷冬季运输要覆盖棉毡保温保湿，要求尽量缩短运输时间，长时间运输，中途要及时检查，避免苗木发热霉烂和失水干枯，苗木出现失水时要及时洒水补充水分，运达目的地后立即栽植或进行临时假植，假植方法同前。

（5）苗木分级

苗木分级的目的是保证造林后苗木生长一致、林相整齐，便于管理。根系发达的健壮苗，栽植后缓苗期短，生长旺盛，进入结果期早。仁用杏良种嫁接苗木（表3-1）和播种苗（表3-2）可采用不同的分级标准。

表3-1　仁用杏良种嫁接苗分级标准

| 项目 | 苗木等级 | |
| --- | --- | --- |
| | 一级 | 二级 |
| 苗高（cm） | ≥100 | ≥80 |
| 苗基径（m） | ≥1.0 | 0.8~1.0 |
| 侧根数（条） | ≥5 | 3~5 |
| 侧根基部粗度（cm） | ≥0.4 | 0.3~0.4 |
| 侧根分布 | 分布均匀 | 分布均匀 |
| 侧根长度（cm） | ≥20 | 15~20 |
| 主根长度（cm） | ≥25 | 20~25 |
| 木质化程度 | 良好 | 良好 |
| 接口愈合程度 | 良好 | 良好 |
| 整形带部位芽质量 | 饱满 | 饱满 |
| 机械损伤 | 无 | 无 |
| 检疫对象 | 无 | 无 |

表 3-2  仁用杏播种苗苗木分级标准

| 项目 | 苗木等级 | |
|---|---|---|
| | 一级苗 | 二级苗 |
| 苗高(cm) | ≥70 | ≥60 |
| 苗基径(cm) | ≥0.6 | ≥0.5 |
| 侧根数(条) | ≥5 | ≥3 |
| 侧根基部粗度(cm) | ≥0.3 | ≥0.3 |
| 侧根长度(cm) | ≥15 | ≥10 |
| 主根长度(cm) | ≥20 | ≥15 |
| 木质化程度 | 良好 | 良好 |
| 接口愈合程度 | 良好 | 良好 |
| 机械损伤 | 无 | 无 |
| 检疫对象 | 无 | 无 |

### (五)仁用杏快速育苗实践

俗语说："有钱能买种,千金难买苗"。传统的育苗技术,培育仁用杏良种苗木往往需要一至两年的时间,实际生产中往往在短期的时间内需求大量的苗木,因此必须加快仁用杏良种苗木的培育进程。尽管组织培养不受时间限制,但目前该项技术还不成熟,对外植体要求较高,增值系数有限,苗木培育成本高,难以实现商业化推广。我们采取人工打破种子休眠,实现了当年采种、当年播种、当年出苗,缩短了育苗周期。

仁用杏当年成苗的关键是供嫁接的砧木苗必须在当年的 5 月底达到嫁接粗度,即苗木粗度达 0.6cm 以上,因此要求砧木苗在越冬前应萌发出土并达到一定的生物量积累。事实上,杏种子收获后必须到达一定的需冷量才能打破休眠,并突破种皮限制后才能萌发。虽然采用赤霉素可打破杏种子休眠,促使当年收获的种子萌芽出土,但是实际生产中操作较为复杂,应用较少。我们经过反复试验,采用低温打破休眠的方法取得成功。

1. 提前打破种子休眠

在 6 月上旬将充分成熟的杏果实采收后，放入塑料筐或竹筐中，每筐装果实约 10kg，不可堆积过高，以免呼吸作用过于旺盛引起内生真菌活跃导致种子发霉变质。将篮筐置入环境温度在 4~7℃、相对湿度 50%~60%、24h 黑暗的低温冷库中存放 25~30 天，种仁开始破壳发芽。

2. 秋季温室播种与砧木苗管理

将发芽的种子捡出在温室里播种，采用条播的方法，行距 30~40cm，播种前灌底水，播种密度每 10cm 播种 3 粒种子，播种深度 4~5cm。出苗后加强肥水管理，促进苗木在越冬前充分木质化，当年幼苗高度可达 30cm 以上，幼苗木质化程度低的植株，越冬后进行平茬处理，翌年 5 月底嫁接部位粗度可达嫁接要求，嫁接后当年萌芽可达 1.0m 以上，苗木粗度可达 0.9cm 以上。

通过对 200 份不同种源的杏果的冷藏处理，杏种核的发芽率达 80% 以上，播种后出苗率达 90% 以上，该项技术适合黄淮流域等仁用杏生长季较长的地区开展快速育苗。如果采用保护地育苗，需要注意杏树有自然休眠的习性，必须经过低温春化才能完成正常的生理周期，这一周期在生产实践上通常认为 0~7.2℃ 的温度需要 860~1080h 才能打破休眠，折合 36~45 天。因此，在采取保护地进行快速育苗时应适时揭开棚膜进行低温春化，防止低温春化时间不足，苗木不能正常生长发育。

3. 嫁接与嫁接苗管理

良种苗木嫁接和管理方法同前。

## 二、仁用杏建园技术

科学的建园技术有助于采用统一的栽培管理措施，获得产量高、品质稳定的仁用杏产品。同时，有利于降低生产成本投入和劳动强度。建园技术一般包括园址选择、园地规划、栽植方式和密度、整地、造林等内容。

（一）园址选择

1. 地形地势

在仁用杏适生区，选择海拔高度 1200m 以下的浅山丘陵地区建园。以阳坡、半阳坡，坡度在 20° 以下，土质较疏松、土层厚度在 1.0m 以上，地下水位 1.5m 以下，排水良好的地块建园为益，最好具备一定的灌溉条件，栽培面积应集中连片，杏园应背风向阳，避开风口、谷底、低洼地建园。必要时要设防风林和防霜林。

2. 土壤

宜选择通透性良好的砂土、砂壤土和壤土建园。研究表明，土壤含氧量大于 12.0% 左右最适合仁用杏生长，低于 3.0% 时停止生长；土壤中 KCl 含量大于 0.021%，盐分大于 0.24%（以 NaCl、$Na_2CO_3$、$NaHCO_3$、$Na_2SO_4$ 盐分统计）生长受到明显抑制。因此，盐分含量高且通透性差的黏性土壤不适合栽植仁用杏。

3. 温度

杏树虽然耐寒，但是杏开花较早，花期或幼果期易受晚霜危害，杏花期夜间气温低于 -1.9℃，幼果期气温低于 -0.6℃ 就会造成杏花和幼果冻害。

4. 水分

年降水量 450mm 即可满足仁用杏生长发育所需的水分要求。但实际生产中年降水分布不匀，特别是杏果快速生长期间，降水较少，影响果实发育。因此，降水少的地区应具备灌溉条件。此外，仁用杏怕涝，不宜选择易积水的地块或地下水位较高的滩涂地建园。

5. 光照

仁用杏喜光，应选择光照条件好的地块建园。阴坡、沟底等光照条件差的地块及花芽形成期、果实发育期阴雨连绵光照不足的地区均不适合建园。

（二）园地规划

园地规划主要是园区划分、生产管理区、道路设计、排灌系统设计、防护设施等，目的是为了利于园地管理、果实贮藏运输等生产活动。

1. 园区划分

园址选择和园地面积确定后，要进行种植区规划，设计划分成若干大区和小区，大区面积一般在 100 亩以上，小区面积在 30 亩左右，通常为长方形。地形较复杂的山地，可按自然界限划分小区，小区的长边与等高线相平行。平地小区的长边与主风方向垂直，目的是为了增加通透性。

2. 生产管理区

生产管理区主要包括办公房、晒场、农机具停放棚、仓库等。生产管理区一般建在立地条件较差的地块，避免占用土壤肥沃地块，面积不超过园区总面积的 5%。办公房、晒场、农机具停放棚、仓库等建设本着经济、方便实用的原则，不应超规模造成闲置浪费。

3. 道路设计

道路规划要结合地形地势设计，主干道与附近公路相连，一般主干道宽度为 8m，方便农资、产品运输车辆进出，主干道一般贯穿园区中心位置布设；支路一般 4m，便于机械和车辆通行；作业道一般宽度 2m，便于工作人员田间管理。道路规划的基本原则要利于园区作业和产品采集运输。

4. 排灌系统

排灌系统一般沿着道路设置，排灌系统的布设要满足所有园区的排灌需求，为节约投资提高利用效率，要以最短的排灌渠道满足最大的排灌面积。

5. 防护设施

防护设施包括看护房、围栏、防盗监控设施等。看护房应设置在小区地势较高的地方，临近道路，便于监防。围栏可采用金属栅栏，也可栽植防护篱笆，视经济情况选定，有条件的可架设电子防盗监控系统。

**（三）栽植方式和密度**

1. 栽植密度

仁用杏的初植栽培密度按照不同的生产目的、立地条件、管理水平、机械化程度等而选择合理的栽植密度，一般按照"窄株距，宽行距"的栽培原则，也就是俗语常说的："宁可行里密，不可密了行"。一般的株行距为 3m×4m~5m×8m 的栽植密度，每亩栽植21~44 株。机械化程度高的园区一般采用株行距 2m×6m~3m×8m 的栽植密度，便于机械作业通行；一般农户机械化程度低或具备小型农机具，可适当密植，一般采用 3m×4m、3m×5m 的栽培密度。为提高仁用杏园经济效益，可采用计划密植的栽植方式，先密植提高早期经济收益，后期通过疏伐植株的方式逐渐达到设定的栽培密度。根据我们在洛阳市的试验，每亩栽植 111 株(2m×3m)，栽植后第三年亩产杏仁可达 20kg 以上，收益 800 多元，第四年亩产杏仁可达 40kg 以上，收益 1600 多元，第五年以后进行隔株间伐，间伐后第二年亩产杏仁可达 50kg 以上，收益 2000 元以上。辽宁凌源地区栽培 20~30 年的仁用杏园，密度 3m×15m 时仍可获得亩产杏仁 90kg 的高产水平。

2. 栽植方式

栽植方式一般有长方形栽植、沿等高线栽植、正方形栽植、菱形栽植等几种，生产上通常为长方形栽植。长方形栽植便于机械化作业，在生产应用最多。沿等高线栽植一般用于坡地、梯田建园。其他几种栽植方式目的是为了增加栽植株数，改善通风透光条件，但不便于机械化作业，生产应用较少。

3. 授粉品种配置

仁用杏大部分品种自花不结实，需要配置授粉品种才能满足授粉受精需要。仁用杏自花授粉的花粉在柱头萌发后穿过柱头进入花柱，但在生长过程中受抑制，不能顺利完成受精和坐果。普通杏花粉管在花柱的 3/4 处受阻并停滞，而西伯利亚杏约 25% 资源停止在花柱上端 1/3 处，约 50% 超过花柱 2/3，但仅 6.9% 株到达花柱基部，2.0% 进入子房，几率很低。因此，仁用杏获得丰产必须配置合适的授粉品种和栽植比例。生产中，一般授粉品种的栽植比例15%~20%。仁用杏主栽品种'龙王帽''一窝蜂''优一''超仁''丰仁''围选1号''中仁1号',常用授粉品种有'白玉扁''优一''辽白扁2号''中仁3号'等。在生产上,也有用'金太阳''凯特'等鲜食品种作仁用杏授粉树,也能有效提高坐果率,同时鲜食杏果实成熟较仁用杏早,两者收获期错开,减轻仁用杏收获期工作量,同时可保证主栽品种产品的纯度。为了便于生产查询常见仁用杏亲和品种的授粉组合,我们建立了常用的授粉亲和数据库(表3-3)。

表3-3 常见仁用杏亲和品种组合数据库

| 品种名称 | 亲和性品种 |
|---|---|
| '龙王帽''北杂' | '超仁''98D05''N34''灵宝1号''串枝红''山甜一号''优一''白玉扁' |
| '优一' | '油仁''80A03''80B05''薄壳一号''80D05''龙王帽''北杂''超仁''虎爪子''98D05''N34''灵宝1号''串枝红''山甜一号''北杂''南杂''白玉扁' |
| '白玉扁' | '龙王帽''北杂''虎爪子''98D05''N34''山杏5号''灵宝1号''串枝红''山甜一号''北杂''南杂''优一' |
| '国仁' | '一窝蜂''油仁''80A03''80B05''薄壳一号''80D05''丰仁''白玉扁''龙王帽''北杂''超仁''虎爪子''98D05''N34''灵宝1号''串枝红''山甜一号' |
| '一窝蜂''油仁''80A03''80B05''薄壳一号''80D05' | '优一''白玉扁''超仁''虎爪子''98D05''N34''灵宝1号''串枝红''山甜一号''南杂''优一' |
| '丰仁' | '白玉扁''超仁''虎爪子''98D05''N34''灵宝1号''串枝红''山甜一号''南杂''优一' |
| '超仁' | '虎爪子''N34''串枝红''南杂' |
| '虎爪子' | '98D05''N34''灵宝1号''串枝红''山甜一号''优一' |
| '98D05' | 'N34''山杏2号''山杏3号''山杏4号' |

## 4. 人工授粉技术

仁用杏花粉量差异较明显,西伯利亚杏花粉量在 $2.3 \times 10^4 \sim 9.9 \times 10^4$ 粒之间,其中 $73.53\%$ 西伯利亚杏花粉量集中在 $1 \times 10^4 \sim 5 \times 10^4$ 粒之间,花粉量较大,不是影响仁用杏授粉亲和性的主要因素。

仁用杏雌蕊败育率较低,雌蕊败育率不是影响丰产的主要因素。

如甜仁杏'白玉扁'的雌蕊败育率仅有 10.73%，西伯利亚杏的完全花比率达 87.19%。在'串枝红'开花 0.5h，雌蕊柱头接受花粉处于最佳状态，其次为即将开花和开花后 4h 内，开花 10h 后雌蕊接受花粉能力下降，开花 48h 后雌蕊接受花粉的能力显著下降。西伯利亚杏在开花后 1~4 天内柱头可授性保持较高水平，第 5 天开始有下降趋势。因此，开花后越早授粉越有利于丰产稳产。

### （四）整地

仁用杏一般种植在浅山丘陵地区，地形复杂、地块破碎、立地条件较差，为建园后管理方便，达到优质高产的标准，栽植前应进行整地和土壤改良。

整地时间一般熟地提前一个月整地即可，生地应在前一年的雨季前完成整体以加快土壤熟化。整地方法应采用环山、等高、等距水平沟整地法。在气候干燥、降雨少、土壤瘠薄、土层薄，为保证仁用杏栽植成活率及幼树生长发育以及结果树的高产、稳产，高标准整地尤为重要。

水平沟整地有利于疏松土壤，加厚活土层，贮水保墒熟化土壤，保持水土，防止冲刷，为栽植成活及仁用杏生长发育创造最基本的条件。小平沟整地要求沟距 4m，沟宽 1m，沟深 70cm。挖沟时将上层表土放置到沟的上侧，底土、石块放置到沟的下侧，沟挖好后，将熟土和杂草（打碎、有条件结合压青）回填，熟土不够用，可将沟上沿处的原有表土一并回填至沟平，将沟下沿所放置的底土垒成土埂，踩实、整平，做成水土保持工程，在水平沟整地的同时或以后将坡面修成环山水平梯田。最好于雨季来临前整理完成。经过一个雨季，沟内土壤蓄水保墒及秋冬土壤冻融交替加快熟化过程，第二年春栽植可减少栽植时的灌水量，也为仁用杏苗木根系的恢复和生长创造了良好的土、肥、水条件。

整地可结合施用有机肥一同进行，以增加土壤养分含量和微生物活动，有利于仁用杏根系生长。一般每亩施用腐熟的基肥 3~4t 可，为了提高肥效，可沿着栽植沟两侧集中施用。

### （五）造林

1. 嫁接苗造林

（1）造林时期

仁用杏的造林时期根据不同的区域一般分为秋季造林和春季造林。

黄淮流域由于冬季时间相对较短，极端低温较高，因此秋季造林仁用杏可安全越冬。在黄淮地区，一般年份秋雨丰沛，土壤墒情较好，栽植时浇水少，造林成活率高，同时，秋末冬初土温较高，苗木栽植后根系伤口容易愈合而发生新根，春季发芽早，植株生长快，群众在生产实践中总结出俗语"春栽一场病，秋栽一场梦"，因此黄淮地区最好采用秋季造林。秋季造林树干应"涂白"并采取防止野兔啃食树皮，可用黄豆面与动物油混合后涂在树干基部，也可用兔粪的混合物涂在树干基部。

三北地区由于冬季漫长，冻土层深，秋季造林后苗木易遭受冻害，不宜秋季造林。

全国仁用杏产区均可在春季造林，其中黄淮地区栽植越早越好，便于根系伤口愈合，萌芽前有充足的缓苗期，提高造林成活率。三北地区春季造林，需在冻土层解冻后进行，避免造林时间过早发生冻害。

黄淮地区一般于春季 2 月中下旬至 3 月中下旬造林，冬季造林可在落叶后进行，一般为 11 月中下旬至 12 月中旬。三北地区通常在每年的 4 月上中旬至 5 月上旬苗木萌芽前栽植为宜。

（2）苗木选择及处理

选择壮苗造林，剔除不合格的病虫苗、损伤苗、干缩瘦弱苗等，同时把嫁接口塑料绑扎带解除，用枝剪将主、侧根的劈伤、压伤等机械损伤部分剪至新鲜处，将预留的定干高度下方的侧枝于分枝处剪除。栽前将苗木用清水或者加入 10mg/kg 的 ABT3#生根粉将根部浸泡 6~12h 保证苗木水分充足，干旱、造林地较远的地方还应蘸好泥浆进行运输、栽植。

（3）栽植方法

栽植前，按照规划的栽植密度确定定植穴位置，一般用白灰做标记，目的是为了保证株行距规范整齐（彩图 7A）。定植穴大小 60cm 左右，深 50cm 左右（彩图 7B），土层深厚、土质疏松的地块定植穴规格可略小，土壤贫瘠的丘陵山坡地定植穴规格应加大（彩图 7C），定植时每穴可施入腐熟的鸡粪 10kg 或猪粪 25kg，拌匀后将苗植于穴中心，填土至八成土后，用手轻轻提苗，提到根颈略低于地面 2~3cm 为止（彩图 7D），用脚将覆土踩实（彩图 7E），灌足底水，待水渗后覆土至满坑，踏实后做树盘，树盘中间低四周高以利于雨水蓄积（彩图 7F）。

（4）造林保护措施

仁用杏苗期为了保持林相整齐（彩图 7G），人工除草是造成成本高昂的主要因素，生长中为达到确保仁用杏栽植成活率和降低投入成本的目的，苗木定植后也可以用塑料地膜或园艺防草地布覆盖树盘（彩图 7H）可显著提高干旱地区仁用杏的造林成活率。将塑料地膜或园艺防草地布裁成 1.0m×1.0m 规格方块，中间穿孔洞，将地膜孔洞从苗木上方穿过，舒展的覆盖在苗地颈四周，用土在地膜的四周和中心部分压实，地膜覆盖既可以提高地温、保持土壤水分，又能消灭树盘杂草，也可减少浇水次数、减少劳动用工量等。根据实际经验，地膜应尽量选择厚度高、质量好的地膜，推荐 0.01mm 以上的农用黑色地膜。从长远上看此种地膜不但有效延长了防草保墒的效果，同时地膜便于回收二次处理，减少了环境污染。

（5）定干

定干的目的是为了后期整形需要，保持幼树高度均匀一致，达到林相整齐的目的，定干破除幼苗的顶芽，有利于促使苗木剪口下侧芽萌发，提高萌芽率，增加分枝数，促使苗木快速生长。定干时间一般在栽植后至萌芽前均可进行。定干高度应视不同的栽植密度、管理方法而定。对于栽培密度大、面积小、机械化管理低的仁用杏园，定干高度一般距地表 60~70cm，在饱满芽处将主干剪截；对于栽培密度小、面积大、机械化管理程度高的仁用杏园，定干高度应在 1.2m 以上，利于后期机械化作业。需要注意的是：定干时应注意保留 3~6 个饱满芽，剪口要平，距离第一芽 2cm，避免剪口距芽太近影响第一芽萌发，为防止剪口水分蒸发，可在剪口处做保湿处理。

（6）补植

对于未成活的植株，可于当年秋季或第二年的春季选大苗进行补植。补植苗木品种应与初植品种一致。造林季补植方法同栽植方法。如果在生长季节补植，建议在阴雨天，或晴天下午 16：00 时以后进行，补植时应在气温低的时候开展，尽量采用带土移栽的方法补植，并将补植苗木的叶片剪除 1/2 以减少补植后的水分蒸腾流失，补植后须进行适当的遮阴并保证土壤水分供应。

2. 直播造林

对于经济条件差，干旱缺水地区和造林困难的地块（彩图 7I），也可以采用直播造林的方式，先培育出杏树实生苗，然后再嫁接成仁用杏品种。由于杏实生苗主根较深、侧根发育好，直播造林植株抗旱性强。

播种前进行杏核催芽，播种时在挖好的定植穴内直接播种 3~5 粒杏核。播种时浇足底水，保证出苗整齐和长势旺盛。播种的杏核易遭鼠兽盗食，实生苗易受食叶害虫危害，加上分布较为分散，后期的嫁接、管理难度较大。由此，直播造林要注意的几个关键环节如下。

首先，直播造林在头年做好整地、挖穴、施肥，使其经过冬季风化、冻融，增加土壤疏松度，减少病原菌。

其次，直播时间以春季为好，秋季播种虽然效果好，但是种子易受鸟兽盗食，造成缺苗。秋季播种不需催芽处理，将吸水泡胀的种子直接播入穴中即可。

第三，播种方法分为春播和秋播两种。春播是在确定的定植点挖 6~8cm 深的播种穴，先浇底水，待水渗下后每穴播 2~3 粒催芽露白的种核，种核要分散摆开，以利于间苗或移苗补植。秋季播种视墒情而定，穴深 10~12cm，墒情好时可不浇底水，每穴播 3~5 粒种

核。播种后覆土与地面平，用塑料膜覆盖，或作记号，种子萌发出土及时破膜。

第四，幼苗出土后要及时松土、除草、防治病虫害，尤其要注意防治金龟子、地老虎等，因为金龟子和地老虎危害刚出土的幼苗，造成直播造林失败。

第五，直播特别要防止人畜践踏和耕种伤苗。出苗多的可以移栽补植或另建新园。

第六，加强直播苗与嫁接管理。进入雨季要趁墒追1~2次肥料，苗高50~60cm时，在地面以上15~20cm处嫁接。根据我们在河南省洛宁县西山底乡良泉沟村旱坡地春季直播建园，采用催芽种核直播，当年苗高可达1m以上，地径1.0cm以上，于7月上旬方块芽接，品种为'中仁1号'，授粉品种为'白玉扁'，嫁接成活率为95%以上，第二年萌芽前在嫁接口上方2cm剪砧，待萌芽长至70cm以上进行重摘心（5cm以上），促使分枝，当年年底调查形成1m以上的冠径，部分新梢形成花芽，第三年开展整形修剪，树形采用自然开心形，经过施肥、除草、病虫害防治等精心管理，当年平均单株产核量0.52kg，最高株产0.91kg（彩图7J）。该种方法对浇水困难的旱坡地建园，省去了移栽环节，提高了建园成功率，同时植株生长量大、结果早，尤其在缺水干旱的地区，具有投资少、见效快等显著优势。直播建园加强砧木出苗管理是成败的关键环节，因为这些地块立地条件差，土壤缺水，出苗后除草、防病等工作量较苗圃地重，幼苗易遭鸟兽危害和除草、耕作损伤。

3. 防护林设置

仁用杏多在浅山丘陵区栽植，这些地区一般风大、风多，对仁用杏生长发育造成危害。因此仁用杏建园时要营造防护林。设置防护林还能够改善仁用杏栽植区的生态条件，增加生物多样性，增加产量，减轻病虫害发生。据新疆林业科学研究院调查，防护林可使果园风速降低39%~48%。林网内最高温度比对照平均低0.7℃。有防护林保护，可提高地温0.7~3.5℃，夏季可降低气温0.7~2.0℃。

合理的防护林还可以起到较好的减轻晚霜危害。

（1）防护林树种选择

在防护林树种选择方面，本着以园养园，增加效益的原则，在树种配置中，除一般林木树种外，还增加了适应当地的果树、蜜源、绿肥、建材、筐材、花卉、园林等树种，达到既能防风固沙、改善气候，又能增加收益的目的。

可用于仁用杏防护林树种有杜仲、核桃、柿树、花椒、枸橘、香椿、沙梨、酸枣等经济林树种，或者柳树、楸树、白蜡、苦楝雪松、侧柏、油松、杨树、刺槐等用材树种，也可选用木瓜、海棠、樱花、皂荚、栾树、辛夷、玉兰、女贞、石楠、紫穗槐、红叶李、沙棘、柠条等观赏树种。

（2）防护林的设置方式

防护林可分为透风林带与不透风林带。不透风林带在减少果园水分流失方面效果较好，但风遇到这种林带就越顶而过，并很快下窜入园防护地段较小，防护效果有限，一般应用于面积较小的园区。透风林带具有一定的透风效果，在减少果园水分流失方面不如不透风林带，但是防护面积较大。规划果园时，主林带多用不透风林带，而区间林带用2~4行透风林带。

（3）防护林的营造

主林带宜乔、灌混合栽植，一般中间栽植高大的速生乔木树种，两侧栽植矮小的灌木类树种。乔木树种的栽植密度一般1.5m×2~3m，成林后隔株间伐减小密度，通常栽植3~5行，在风大的地区可适当增加栽植密度，一般设置10~12行。在乔木的外围栽植2~3行灌木带，增加防护效果。防护林的防风效果，主要依据林带所在的地势、高度、密度等而存在差异。研究发现，背风面防护林的有效防护范围相当于林带高度的25~35倍，迎风面是林带高度的5倍左右，距离林带12~15倍处降低风速效果较好。

# 第四章

# 仁用杏栽培管理

## 一、仁用杏土肥管理

### (一) 果园土壤管理

仁用杏具有耐瘠薄、耐旱的特性，但杏仁产量对肥水的反应敏感。土壤过于贫瘠，会加快仁用杏树体衰弱，使枝条纤细而短，叶片小而薄，叶色浅、大小年结果明显，易早衰，形成"小老树"。科学的田间管理，可以保证仁用杏生长发育健壮、树冠成形快、结果早、产量高、品质好、抗性强，获得持续稳定的高收益。

#### 1. 深翻压青

仁用杏园土壤深翻压青可以改善土壤结构和理化性状，促进团粒结构的形成，提高土壤肥力和水分涵养能力，促进早期丰产。特别在土壤条件较差的仁用杏园，实行深翻扩穴，增加土层厚度，能够改善土壤的通透性和提高土壤的持水能力，而且土壤中微生物数量增加，活动加强，使土壤中难溶性物质转化为可溶性养分，可明显提高仁用杏的生物量和产量。

在定植后将栽植沟以外的土壤一次或分次深翻 40～60cm，将表土翻于下层，底土置于上层，检出石块，同时施入腐熟的农家肥、草木灰等增加养分含量。在深翻的同时，将杂草或绿肥翻入沟底，通过在土中腐熟，增加土壤养分及微生物，改善土壤理化性质，提高土壤肥力。

研究结果表明：采用深翻压青的方法可增加土壤有机质、氮、磷、钾含量均比对照提高 50% 以上，有效地提高土壤中有机质含量和土壤养分水平。深翻压青还有提高和稳定地温的作用，改善了根系生长发育的环境条件，有利于根系的活动，使根量增加，提高了根系对养分、水分的吸收和有机物的合成能力，同时提高了树体抗逆性，从而促进地上、地下部分均衡生长，有利于丰产稳产。

2. 修树盘

修树盘是干旱地区重要的土壤管理措施。定植后，在树干周围修一个圆形或方形的土埂，高度 15～20cm，树盘大小依树冠大小而定，随着年龄的增大而逐年加大。进入盛果期后，结合施肥、灌水，每年春秋将树盘耕翻一次，深度 20～30cm，要里浅外深，不伤大根。既有利于土壤熟化、稳定地温、消灭地下害虫，也有利于雨水的蓄积。

3. 树盘覆草和覆膜

山地仁用杏园灌溉条件缺失，坡陡，雨季径流大，蓄水能力弱，土壤干旱严重，而仁用杏树常常因为土壤缺水造成生长发育迟缓、花芽质量差、开花授粉和坐果不良。同时，水土流失严重，土壤有机质含量低。若通过灌溉和施用有机肥的途径改善土壤肥水条件往往难以实现，而且投入和产出失调，得不偿失。采用连年树盘覆草的办法，可有效储存降水，减少蒸发，增加土壤水分，覆草经过一段时间腐熟，能够提高土壤有机质含量。同时，覆盖提高地温，越冬害虫易在覆草上产卵越冬，可集中杀灭，减少杏园病虫源。因此，覆草可对杏园地起到蓄水、保墒、增肥和增温的作用，可有效改善根系生长环境。

覆草方法可结合每年农作物收获产生的秸秆进行，也可通过仁用杏行间种植绿肥刈割覆草，对于农作物秸秆较大的可采用机械粉碎。将秸秆或杂草、绿肥等覆盖在树盘内，或沿树行两侧，铺设厚度在 20cm 以上，对于干燥的秸秆覆盖后要适量压土，防治大风刮跑和失火。每年惊蛰前将覆草翻入土中，杀灭草中病虫源。通过连年树盘覆草，不仅起到了蓄水保墒、提高土壤温度、杀灭病虫源的作用，而且杂草腐烂后又提高了土壤肥力，为仁用杏树的生长发育创

造了良好的条件，提高了杏仁产量，尤其是在干旱瘠薄的地区效果更为显著。

树盘覆膜能够提高水资源利用率，减少灌溉水量或充分利用降水，做到无需灌溉，具有增温、保水、防草的作用。覆膜时，四周用土压紧，并筑起土埂，使树盘里低外高，在树盘中央最低处将薄膜扎一孔，用瓦块或石块压住，降水、灌溉时，水可从此孔渗入土壤中。栽植密度较大的杏园可沿定植行树下全部覆膜。

4. 间作

仁用杏从童期到结果初期需要 3~5 年时间，树冠小，行间光照良好，在结果前几年可开展立体种植和养殖，发展林下经济，增加经济收益。仁用杏的行间可以间作矮秆浅根农作物，如花生(彩图8A)、土豆、豆类、瓜类(彩图8B)、辣椒(彩图8C)、油菜(彩图8D)、红薯(彩图8E)等经济作物，丹参、黄芩、桔梗、地黄、防风、王不留行、板蓝根等中药材，牧草(苜蓿等)、绿肥(三叶草、黑麦草、草木犀、鼠毛草、毛叶苕子)等作物，也可养殖家禽。林下间作时，距树行两侧各留 0.5m 以上的保护带，随着树冠增大，应逐年加大保护带的宽度，避免影响树体生长。间作物收获时，避免伤及树根。

通过间作作物增加了土壤施肥和灌水，有利于增加土壤养分，间作物播种和收获等农事活动，可加速土壤的熟化和大量有益微生物种类(如乳酸菌、酵母菌、光合细菌、放线菌等上百种微生物)，又能充分利用空间、地力，显著提高了土壤综合利用率，增加经济效益，同时减少除草工作量。行间种植绿肥，可有效增加土壤有机质含量，减少水土流失，改善果园小气候。另外，有些间作物的化感作用还可以起到有效的防治病虫害的效果。根据我们在河南省洛宁县小界乡林农张××承包的仁用杏园行间种植中药材王不留行，经过连续几年的调查发现，间作王不留行的仁用杏树未发生蚜虫危害，而相邻未间作王不留行的杏树蚜虫危害严重。果园养殖家禽，可有效控制杂草滋生，啄食害虫、减轻虫害发生，家禽的排泄物增加土壤有机质含量，同时提高经济效益。

仁用杏行间不可种植小麦（彩图8F）、玉米、谷黍、葵花等高秆作物或与仁用杏速生期争水争肥的作物，这类作物地下部根系密度大、根系发达，对仁用杏生长胁迫明显；小麦等地上部分植株密度大，地下部分对钾等竞争强，成熟期形成干热的小气候，通风不良，严重削弱了仁用杏树势。

5. 果园除草

仁用杏植株对大多数除草剂敏感，施用不当会造成叶片脱落，树体衰弱，严重时还会造成植株死亡。同时，近年来消费者对食品安全的担忧，仁用杏果园不建议喷施除草剂防治杂草。但由于仁用杏旺盛生长期正值夏季，杂草旺长，果园除草往往占用大量的用工成本（彩图9A），尤其是在苗木定植后的前3年，杂草的生长速度远远高于仁用杏幼苗的生物量积累，杂草向上与仁用杏争光，向下争水争肥，如果管理不当，不但影响苗木生长，甚至造成建园失败。

在机械除草方面，中国林业科学研究院经济林研究开发中心近年来推广应用的浅中耕除草（彩图9B）和免耕法在黄河故道沙地的保持水土流失、防风固沙方面也取得了较好的效果。具体为改中耕除草为机械割草。待田间杂草长至40~60cm高时采用割草机或杂草粉碎机沿地面2~4cm处对杂草进行粉碎、割灌，如此循环，控制杂草的生长速度，待最后一次枯霜过后，结合施用有机肥进行一次中耕，将杂草翻入地下。割掉的杂草在生长季的地面形成保护层，防止了水分的过度蒸发，在休眠期翻入土层的杂草形成有机肥，促进了土壤团粒结构形成，增加了有益微生物种类和数量。

在化学防治方面，采用植物激素多效唑抑制杂草丛生方面也取得了显著的效果。具体方法：喷施的前一年进行灌越冬水后，采用农业机械进行整地，目的是保持较为平整的作业面积，便于喷施药剂。第二年春季造林后，待多数杂草生长高度长至5~10cm时均匀喷施有效浓度为2000mg/kg的多效唑溶液，如有必要在1个半月后视杂草生长情况进行第一次除草（建议采用机械除草的方法将地上杂草留 5cm 左右进行短割），然后重复喷施多效唑一次。此种方法可有效抑制灰灰菜、苋菜、牛筋草、串地龙、马齿苋、蒺藜、葎草、香附子等多数优势杂草的滋生。该种方法充分利用了多效唑具有延缓植物生长，抑制茎秆伸长，缩短节间的生理作用，有效抑制了草本植物的纵向生长，同时可促进仁用杏地下侧根形成，增强抗逆性和防止仁用杏苗期徒长。采用此方法，每年除草次数可缩短 60% 以上，显著降低劳动强度。

### （二）施肥管理

当前，仁用杏生产中普遍存在施肥结构不合理，施肥不科学，肥料投入不足，施肥比例失调等现象，严重影响仁用杏丰产栽培。

研究显示，每生产 100kg 杏仁需氮、磷、钾各 24.0kg、12.0kg 和 19.0kg，三者比例约为 1:0.5:0.8，其中基肥占全年总施肥量的 70% 左右。而微量元素在仁用杏生长发育中起到重要作用，如钙和硼的连续供应是仁用杏新根生长不可缺少的营养元素，两者的缺乏会导致根尖死亡；而镁是植物叶绿素主要成分和唯一的矿物质元素，含量占 2.7% 左右，在植物中 35% 左右的镁素结合在叶绿体中，镁的缺乏严重影响植物的光合作用。研究表明，我国果园普遍存在铁、锌、锰、硼、镁等矿质元素缺乏现象。因此对仁用杏树体养分反应、叶片养分含量以及树龄、树势和土壤养分状况的科学判断，并根据树体养分需求量进行合理施肥，实行配方施肥，是实现优质高产高效的重要措施之一。

### 1. 基于叶片养分含量的仁用杏树体养分状况判断

一般认为叶片中氮含量低于 1.73% 时，可明显观察到缺素症状；当叶片含氮量在 3.3%~3.5% 时，仁用杏生长和结果表现均较好；超过 3.5% 时表现为中毒症状。磷素含量达 0.4% 时增产效果最显著。当叶片中钾素含量达 3.4%~3.9% 时可获得最高产量，低于 1.2% 时表现为缺素症状。

对仁用杏主产区成年期叶片的分析发现，成年期丰产水平仁用杏叶片氮磷钾的积累特征为：叶片中全氮、全磷、全钾的含量积累

均值分别为 18.3mg/g(17.5~19.5mg/g)、0.5mg/g(0.3~0.7mg/g)、21.8mg/g(20.2~25.0mg/g)。

2. 幼年期树体营养判断

(1)仁用杏叶片缺肥症状

不同缺素条件下仁用杏叶片缺素反应为:在全素条件下,植株叶片大而绿,叶片脉络清晰(彩图10)。缺素条件下,仁用杏叶片初期即表现出显著的形态变态反应,随着培养时间延长缺素造成的表型差异越来越显著(彩图10)。缺氮初期,叶片小,叶脉淡出,整个叶片轻微发黄,有黄斑,60天后出现叶片的颜色越来越黄,叶边缘甚至出现焦黄(彩图10);缺磷初期,幼叶的叶色发黄,并随着培养时间的延长,叶片向上逐渐卷曲,边缘并伴有白斑的出现,主脉变为暗绿色;缺钾初期,新叶较软且黄,症状并不明显,60天后出现叶尖卷曲,焦黄等症状,尤其是90天左右出现了叶片坏死症状(彩图10)。

复合缺素相对于单一缺素,症状出现时间要提前,后期随着缺素时间的推移,叶片缺素症状更为严重,缺氮、磷时,叶片卷曲,叶尖焦黄,叶脉极浅,幼叶薄而发黄(彩图10);缺氮、钾时,叶尖卷曲,焦黄坏死,叶边缘发白,新叶小且黄;缺磷钾时,叶片变小变薄,叶边缘枯焦,叶片向上卷曲,中部为深绿色;缺氮、磷、钾时,老叶叶边缘焦枯,新叶失绿发黄,小而薄,叶片向上卷曲(彩图10);在蒸馏水的条件下,叶尖卷曲,褪绿焦黄,叶边缘发白(彩图10)。

(2)仁用杏叶片对大量元素缺乏的生理反应

氮、磷、钾缺乏对仁用杏光合生理影响的效应不同。在光合生理指标方面,叶片净光合速率的下降主要受气孔限制(前期)和非气孔限制(后期)的制约,在缺素培养时,仁用杏对光的适用范围越来越窄,这也是 $P_n$ 下降的重要原因之一;缺氮会明显降低叶片对磷的吸收,促进对钾的吸收,缺磷可在一定程度上降低叶片对氮的吸收,而缺钾对叶片中氮、磷的影响不显著;在叶绿素合成方面,全素培

养条件下叶片的氮含量为 18.8~32.1mg/g, 含磷量 0.7~1.1mg/g, 含钾量 25.2~29.4mg/g, 此时, 树体营养充足, 仁用杏的光合作用最大, 叶绿素含量达 1.5mg/g, 显著高于其他处理; 而当仁用杏叶片中氮、磷、钾含量分别为 22.2mg/g、0.5mg/g、13.7mg/g 时处于缺素初期, 当仁用杏叶片中氮、磷、钾含量分别为 11.5mg/g、0.3mg/g、8.5mg/g 时处于严重缺素时期。

（3）仁用杏根系对大量元素缺乏的反应

氮、磷、钾缺失对仁用杏地上和地下部分生物量及根系形态特征的影响不同。研究发现钾肥对地下部分的生长有影响明显, 缺钾条件下, 根总长度、总表面积、平均直径和总体积分别降低了 69.5%、70.6%、72.4% 和 71.3%, 仁用杏苗期在施用氮肥的同时, 配施适量的钾肥, 以促进仁用杏地上和地下部分均衡生长发育。

不同的施肥配比对仁用杏生长的影响显著, 并且不同的营养成分对仁用杏生长发育方向的贡献不同, 其中对仁用杏幼苗营养生长影响最大的因素是氮, 其次是钾、磷, 对光合生理影响最大的因素是氮, 其次是磷、钾; 对叶片氮含量影响最大的因素是氮、磷, 叶片磷含量影响最大的因素是磷, 钾含量影响最大的因素是钾。盆栽实验发现, 童期生长适宜施肥配比是氮:磷:钾:有机肥（400g）= 4:(1~1.5):(2~3):40。通过对大田栽植仁用杏外源施用肥料对杏叶片中的氮、磷、钾养分积累的特征发现, 通过外源株施氮肥 40g、磷肥 15g、钾肥 20g、有机肥 400g 可使仁用杏童期叶片内的氮、磷、钾含量分别保持在 18.8~32.1mg/g、0.7~1.1mg/g、25.2~32.1mg/g 的养分水平, 这是仁用杏童期向成年期平稳过渡从而保证达到高产的养分基础。

3. 成年期仁用杏施肥方法

（1）基肥

基肥的施用越早越好。最好于每年果实收获后的 20~40 天施用基肥。一是此时地温高, 微生物和根系活动旺盛形成根系生长的高峰期, 有利于养分的分解和根系的吸收; 二是此时正值仁用杏花芽分化、形成的关键时期，需要大量的微量元素满足花芽分化和形成；三是此时为仁用杏主要产区的雨季，如黄淮流域此时降水量占全年60%以上，大量的降雨加上高温有利于养分分解，蒸腾作用引起活跃的树液上下交流，加速了养分的效力。基肥以腐熟的有机肥为主，混合适量的过磷酸钙和复合肥。盛果期每亩施基肥 $3 \sim 5m^3$，可配合果实收获后果园深翻施入。

（2）追肥

合理施用追肥可有效弥补前期树体养分不足，同时仁用杏为喜钾树种，应兼顾氮、磷、钾营养平衡。一般花前半月追以氮肥为主的复合肥，氮、磷、钾（纯量）比率10:5:（8~10）。一般4年生以下的幼树每年每株施用量 $0.15 \sim 0.25kg$，4年以上的树每年每株施用量 $0.25 \sim 0.5kg$，盛果期大树每年每株施用量 $1.5 \sim 2.0kg$。研究证明，追肥比对照增产 16.1%~22.6%。施肥不仅能显著提高产量，而且杏核出仁率也提高 2.1%~6.8%，可减轻仁用杏生理落果70%以上。杏树开花结果早，所需营养大部分是上一年储存的，所以上一年施肥对次年的丰产尤为重要。

（3）叶面喷肥

叶面喷肥是快速而有效的追肥方法，养分直接由叶面吸收，可节省肥料，见效也快。叶面肥的施用主要在仁用杏的生长季进行，通常喷施 2~3 次即可。叶面肥一般选用尿素、磷酸二氢钾、稀土等，喷施浓度 0.2%~0.3%。叶面喷肥可以结合病虫防治同时进行，叶面喷肥宜在清晨或傍晚进行，便于叶片的吸收。

（4）施肥方法

仁用杏的吸收根集中在 10~70cm 的土层中，占根系总量的80%左右，是土壤中无机盐和水分的主要吸收部位，施用基肥既要保证施肥深度，又要避免伤害根系。因此，一般施肥深度 30~50cm，一般在树冠垂直投影位置施肥。

施肥方法一般采用沟施法，包括环状沟施、条状沟施和放射状沟施。

环状沟施：在树冠投影边缘挖一条深、宽各 30~40cm 的环状沟（彩图 11A、B）。

放射状沟施：一般在成龄果园应用。在距主干 30cm 左右向外挖 4~6 条辐射状沟，沟长至树冠外围。沟深、宽各为 30~50cm，里浅外深（彩图 11C）。

条状沟施：在树行一侧的树冠外围投影处，挖与行向一致的条状沟，沟深 40~50cm，宽 20~30cm，长 80~100cm。

4. 黄河故道沙地仁用杏肥水管理技术实践

黄河故道由中国西部向东绵延几百公里，宽约为河道两侧 10 多公里，途经内蒙古、山西、河南、山东等地，范围广、面积大、立地条件复杂，立地类型主要为 3 种，分别为沿黄两岸、河套地区面积约 90.3 万 $hm^2$，沉沙区面积约 4.5 万 $hm^2$，沙区面积达约 31.6 万 $hm^2$，土壤类型主要为河滩沙地、中低产盐碱地和低洼积水易涝地 3 种，该地土壤沙化严重、土壤瘠薄、漏水漏肥、生物多样性差、树种单一，森林覆盖率低，表土干燥冬春易形成沙尘暴，环境承载能力差。黄河故道已被列为中国重点沙化（地）治理地区，但该地土质松软，便于机械化作业，地下水位较高等优势，将成为未来中国区域耕地的重要来源及稀缺的后备土地资源。通过我们以黄河故道沙地仁用杏生长季的水分、（化）肥料淋失的月周期规律，初步探索了仁用杏施肥管理经验。

（1）施肥策略

分别采用缓释肥、复合肥、尿素三种肥料形态对仁用杏进行养分的淋失试验，每浇水一次检测肥料的淋失状态，发现每浇水一次速效态肥料淋失一倍，在经过 4 次浇水后施用肥料的速效态氮、磷、钾的含量与对照（无施肥处理）无显著差异，而且这种情况是与肥料的形态、肥料的种类相关性较小。说明黄河故道沙地的肥料淋失情况相当严重，这个情况随着浇水次数的增加呈倍减的趋势。因此，黄河故道沙地的施肥策略与浇水次数紧密相关，在保证仁用杏林地土壤水分含量的情况下，减少雨水冲刷。

（2）浇水策略

研究了黄河故道沙地地膜覆盖、秸秆覆盖和常规大田管理（对照）三种方式对仁用杏林 20cm 土层水分保持能力的影响。发现秸秆覆盖的保水能力最强，其次为地膜覆盖，对照最差。对照 20cm 土壤水分含量下降趋势表现出两个高峰，从第 5 天到第 10 天表现出直线下降的趋势，含水量从 20% 降至 10%；从第 10 天到第 20 天表现出缓慢下降趋势；从第 20 天到第 30 天出现第二个快速下降高峰，土壤水分含量从 9.0% 降至 3.0%。薄膜覆盖和秸秆覆盖处理的 20cm 土壤水分含量下降趋势较为平缓，其下降趋势也基本一致，但在浇水第 5 天和第 25 天两个时间节点表现出显著差异。浇水第 5 天，秸秆覆盖 20cm 土壤水分含量达 17.0% 显著高于薄膜覆盖处理 15% 水平，而从第 10 天至第 20 天的 10 天时间，两个处理差异不显著；直至第 25 天后，两个处理的土壤水分含量表现出显著差异，第 25 天、第 30 天秸秆覆盖土壤含水量分别为 10.0% 和 9.0%，显著高于薄膜覆盖处理的 8.0% 和 7.0%，说明在三个处理中，秸秆覆盖具有显著高的 20cm 土壤水分保持能力。

通过实际的经验，我们认为黄河故道沙地适合的保水措施有秸秆覆盖、木屑覆盖、免耕割草、地膜覆盖保水等措施，各产区可根据当地自然条件选择。

秸秆、木屑覆盖：将玉米、花生、小麦、树皮、枝丫材等粉碎成粒径 0.5~1.5cm、长 2.0~5.0cm 的颗粒，在树体周围铺成厚度 15~30cm 保水层，生长季应及时剪除杂草。

免耕或浅耕除草保水：生长季，当杂草长至 20~40cm 高或结种前采用割草机或微耕机等农用机械除去地上部分杂草，利用枯落物形成保水层。

地膜覆盖：在第一浇水后及时铺盖地膜，采用 0.010mm 及以上农用地膜或园艺防草地布，在树干两侧铺设成宽 0.5~1.0m 保护地，防止水分流失，生长季及时剪除杂草，保持地膜完整。

结合黄河故道沙地的水、肥流失规律，在具备条件的地方应采

用滴灌，使用水肥一体化的浇水方法，起到节水保肥的最优效果，切忌采用大水漫灌的浇水方法，防止肥料随水冲刷。在不具备滴管条件的地区，应采用与施肥位置相反方向浇水的策略，具体为在施肥相反方向开设宽 40～60cm、深 30～50cm 浇水沟，引水浇灌补充水分，减少养分淋失。

5. 灌溉和排涝

仁用杏虽然耐旱，但适时灌水可使树体生长健壮，提高坐果率，获得高产稳产。通常田间持水量在 60%～80% 时仁用杏的根系生长最为活跃，小于 40% 时(手握土壤成团，松开土壤散开)新根难以发生。一般浇水的原则为土壤 20(幼树)～40cm(成年期大树)土层含水量低于质量含水量 15%(体积含水量约 5% 左右)时应进行灌水。因此，建议有条件的杏园全年要灌水至少 3 次，第一次灌水在盛花前十几天，即萌芽水，这次灌水可延迟花期，避免霜冻，同时为萌芽和开花做好准备；第二次灌水应在果实开始膨大期，即膨大水，此时正是果实迅速膨大期，这时期果实体积大小可达到成熟期的 60% 以上，充足的土壤水分有利于果实迅速膨大，增加果实单重，减少落果；第三次灌水在果实坐果后的 35 天左右，即硬核期灌水，此时灌水有利于种仁发育，种仁饱满，此时缺水造成秕粒，单仁重下降。有条件的杏园，在入冬前，还可以进行第四次灌水，即封冻水，保证树体安全越冬及翌春开花结果。

仁用杏不耐涝，杏园积水超过 2～3 天，会引起黄叶、落叶，积水时间超过 3 天则会引起烂根、导致死亡。因此雨季要注意排水，防止持续阴雨天气杏园长时间积水而产生涝害。特别是栽植在滩涂地上的杏树，应注意雨季排涝。

## 二、仁用杏整形修剪

仁用杏树整形修剪目的是使树体形成牢固的骨架，布局合理的结果枝组支撑负载量，改善树冠的通风透光条件，平衡树势，提高树体抵御病虫害的能力。同时，合理调整树体营养与土壤营养的平衡关系，增加结果部位，避免或减轻大小年结果现象，达到稳产、高产、优质的目的，同时有效延长经济寿命。

**（一）整形修剪的作用与依据**

1. 整形修剪的作用

根据仁用杏生长发育的特性以及当地的自然条件，人为地培养一定的树冠形式，叫做整形。修剪是在整形的基础上继续培养和维持丰产树形，进一步调节树体各部分营养物质的分配，维持生长和结果的平衡，从而保证连年丰产的一种技术措施。整形和修剪是密切联系的，整形要通过修剪来完成，而修剪必须根据整形的要求来进行。但幼树以整形为主，结果大树以修剪为主。

仁用杏整形修剪是高效栽培的一项重要措施。自然生长或整形修剪不科学的仁用杏树，枝条空间布局不合理，随着树龄的增加树冠内部通风透光不良，内部枝条光照恶化而枯死，而造成内膛不结果，大枝基部形成光秃现象，结果部位迅速外移，只有树冠的顶部和外部结果，产量低，而且会加重病虫危害。如果仁用杏修剪过轻，枝条长放过多会大量结果，造成树体衰弱，病虫害加重，产量和质量逐年下降，并形成大小年严重现象；如果修剪过重，大量萌生枝条，难以成花不结果，造成树势过旺，结果晚产量低。

合理的修剪可使杏树营养生长与生殖生长均衡，既能延长经济结果年限，又可延长树体寿命，推迟衰老过程。进入结果期后，养分、水分转运及光合产物的分配由营养生长向生殖生长转化。修剪通过对枝条的剪留、控制，促进局部枝组与整体树冠的合理搭配，构建理想的优质丰产树体结构。同时，地上部分和地下部分生长均衡，提高根系吸收养分和水分的能力，增强输导功能，保持树体健壮、连年丰产。修剪还可以改变枝条的生长方向，控制树势，改善通风透光条件，增强光合效能，减轻病虫害的发生。

2. 整形修剪的主要依据

仁用杏整形修剪的主要依据不同仁用杏品种生长发育特性来开展。

（1）萌芽力和成枝力

1年生枝上芽的萌发能力，叫萌芽力。萌芽多的叫萌芽力强，反之则弱。1年生枝上芽的抽生新枝的能力叫成枝力。抽生枝多叫成枝力强，反之则弱。仁用杏普遍萌芽力强，而成枝力弱。

（2）芽的异质性

仁用杏枝条上不同的芽在分化过程中，由于内部的营养状况和外界环境条件的影响，其芽形成的质量有所不同，这种芽质量的差异，称为芽的异质性。

芽的质量直接影响到芽的萌发和萌发后新梢生长的强弱。在进行仁用杏修剪时，为了使骨干枝的延长枝发出强壮的枝条，常在枝条中上部饱满芽处剪截；为了平衡树势，常在弱枝上利用饱满芽当头，促使弱枝转为强枝；而在强枝上利用弱芽当头，可避免枝条旺长，以缓和树势。仁用杏枝条长放后，易萌发短果枝、花束状果枝，这些果枝的顶芽一般为叶芽，腋芽为花芽，但时常有全部是花芽的短果枝，开花结果后易枯死，缺乏更新能力。

（3）顶端优势

同一枝上顶端或上部的芽所抽生的枝梢生长势最强，向下依次递减的现象称为顶端优势。这是枝条背地生长的极性现象。其原因是树体中养分、水分首先相对较多的运送到先端引起先端部分芽或枝条较旺，同时由于先端萌芽产生的激素向下转移，控制了下部芽的萌发。仁用杏幼树顶端优势明显，进入结果期顶端优势逐年变弱，不同品种顶端优势差别较大。另外顶端优势的强度同枝条着生角度和部位有关，枝条越直立，其顶端优势表现越强，反之则弱。枝条平生顶端优势减弱，使优势转化造成背上生长转强，出现了背上枝条长势强。枝条下垂，顶端优势弱。位于树冠中上部外围枝条顶端优势强，中下部和内膛枝条顶端优势弱。在修剪上经常对生长旺的枝条拉枝张开角度，对弱枝抬高角度或短截，以达到调节枝势和树势的目的。

（4）干性和层性

树冠内中心干的强弱和维持时间的长短一般称为干性。由于顶端优势和芽的异质性，使 1 年生枝的成枝力自上而下递减，这种现象历年重演使在主干上的分枝形成明显的层次，即为层性。仁用杏干性和层性较弱，整形时宜采用多主枝自由形。

（5）树体和枝条的生长势

仁用杏树体高大，成年大树高达 10m 以上，仁用杏栽植后幼树生长势强，枝条快速生长，树冠扩展快形成早，结果也早，杏花和幼果易受晚霜危害，造成营养生长过强，使树体生长过快。枝条的长势与其所处的位置及芽的质量有关，一般树冠外围的枝条，因光照好，枝条生长势强；母枝角度小而壮，芽的部位高而质量好，萌发的枝条生长健壮，反之则弱。

修剪促进局部枝生长势增强，而对整株则抑制。修剪能够抑制植株整体生长势，是由于剪下大量枝条，缩小了树冠体积，减少了光合面积，同时修剪造成许多伤口，愈合需要消耗一定的营养物质造成整体树势受到抑制。修剪对局部的促进作用，主要是剪去了一部分枝芽，改善了原有营养和水分的分配关系，使养分集中应用于保留下来的枝芽，同时通过修剪改善通风透光条件，提高了叶片光合性能，使局部枝芽的营养水平有所提高，增强了局部枝条的生长势。

**（二）整形修剪方法**

1. 整形方法与步骤

（1）整形方法

①主要树形

仁用杏树形一般采用自然开心形、疏散分层形和纺锤形等。修剪要多疏、少截、轻剪和多缓，减少主枝量。冬剪与夏剪相结合。机械化和集约化是仁用杏生产发展的方向，在机械化作业的情况下，杏树应高干、密株、宽行，提高生产效率，降低生产成本，提高经济效益；在水肥条件好、管理技术强的条件下，开展矮化、密植栽培，杏树的整形应从早实和丰产稳产考虑，整形的原则是群体密、

个体稀，做到低干小冠，尽量减少骨干枝的数目和级次，缩小树冠结构，增加结果枝量。

a. 自然开心形树体结构：干高 0.6m 左右，树高 3.0~3.5m。树体结构为树干错落均匀着生 3~4 个主枝，每个主枝配备 2 个侧枝，侧枝直接着生结果枝组和结果枝。主枝与中心干的夹角在 60° 左右，主枝自下而上夹角逐渐增大。适合水肥条件一般、通风透光好的山地杏园。自然开心形是常用的仁用杏树形，此树形成形快、整形技术简便、易操作推广，通风透光好，后期管理简单，不容易造成内膛空虚和结果枝外移。

b. 疏散分层形树体结构：在机械化作业的情况下，干高 1.2m 以上，树高 5.0~5.5m；人工作业条件下，干高 0.6m 左右，树高 3.5~4.0m。全株 6~8 个主枝，第一层均匀着生 3~4 个主枝，主枝与中心干的夹角在 50° 左右，每主枝着生 2~3 个侧枝，侧枝上着生结果枝组或结果枝；第二层均匀着生 2~3 个主枝，第二层主枝与第一层主枝错落着生不可重叠，主枝与中心干的夹角在 70° 左右，每主枝着生 1~2 个侧枝，侧枝上着生结果枝组或结果枝，第一层与第二层层间距 1.2m 左右；第三层均匀着生 1~2 个主枝，第三层主枝与第二层主枝错落着生不可重叠，主枝与中心干的夹角在 80° 左右，每个主枝生着生 1 个侧枝，第二层与第三层层间距 0.8m 左右。树冠自下而上呈圆锥形。该树形整形要求技术高，成形时间长，树体结果量大，果实质量高，适合土层深厚，土壤肥沃的地块应用。

c. 纺锤形树体结构：干高 0.6m，在主干上均匀错落着生 8~12 个主枝，主枝上直接着生结果枝组和结果枝，主枝由下而上逐渐变小；主枝角度自下而上逐渐增大，第一主枝与中心干夹角 70° 左右，逐渐过渡到最上一个主枝夹角 90°，形似塔松。该树形结果早，产量高，适合土层深厚，土壤肥沃，管理技术水平高的地区应用。

d. 自然圆头形树体结构：在机械化作业的情况下，干高 1.2m 以上，树高 5.0~5.5m，全株 5~6 个主枝，在主干上错开排列；人工作业条件下，干高 0.6m 左右，树高 3.0~3.5m。全株 4~5 个主枝，在主干上错开排列，每个主枝上留 2～3 个侧枝或结果大枝。此树形与自然开心形相似，主枝较自然开心形增加，整形带较自然开心形大，成形快、整形技术简便容易掌握。

大冠稀植树形整形以疏层形、自然圆头形为好，树冠体积大，能够充分利用立体空间，既占地又占天，所以平均单株产量高。在密植栽培中，降低树高和小冠整形，不仅改善仁用杏园辐射状况，也便于树冠管理。为了使树形向矮小、丰产发展，重点培养矮冠纺锤形树冠。

（2）整形步骤

①自然开心形树形

自然开心形也称无中心干的树形（彩图 12A）。一般有 3～4 个主枝，按不同方位选留。幼树定植后，在需要定干高度的饱满芽处剪截，剪口下应保留 4～5 个饱满芽。按不同方位选留主枝，枝距一般为 20cm 左右。栽后第一年，可选留 1～2 个不同方向的主枝，冬季修剪时可在选留主枝长 70～80cm 处，选一饱满背下芽剪截，其余枝条视所占空间大小而定，没有生长空间的枝条从基部疏除，有生长空间的枝条，可做辅养枝长放。中心延长枝在 60～80cm 处剪截。第二年，再选留 1～2 个主枝，与第一年选留的主枝均匀错开，并在第一年选留的主枝上选留 1 个侧枝。冬剪时，对选留的主枝在 70cm 处选一饱满背下芽剪截，其余枝条视所占空间大小而定，没有生长空间的枝条从基部疏除，有生长空间的枝条，可做辅养枝长放。如果选留的主枝数量达到整形要求后，可将中央延长枝疏除。如果主枝数量不足时，对中心延长枝在 60cm 处剪截。对第一年选留主枝上的侧枝留 50cm 左右选饱满背下芽剪截，对主枝延长枝在 60～70cm 处剪截，对其他辅养枝拉枝开张角度。第三年，对上一年留取的主枝在 70cm 处选饱满背下芽剪截，对主枝延长枝在 60～70cm 处剪截。在往年的主枝上选留侧枝和进行拉枝（彩图 12B），开心形的树冠骨架基本形成。

②疏散分层形整形

定干当年或第二年，在中心干上选留3个不同方位（水平夹角约120°）、生长健壮的枝，培养为第一层主枝，层内距离40~50cm。如果选留的最上一个主枝距主干延长枝顶部过近或第一层主枝的层内距过小，容易削弱中心干的生长，甚至于出现"掐脖"现象，影响主干的形成。当第一层预选的主枝确定后，除保留中心干延长枝，其余枝有生长空间的留做辅养枝，角度拉至80°以上，无生长空间的枝全部从基部疏除。选留第二层主枝，一般留2~3个主枝，第二层主枝与第一层主枝要错落着生，不可重叠。一、二层主枝层间距0.8~1.0m。同时在第一层的各主枝上留2~3个侧枝，第一个侧枝距主枝基部的距离为大于0.5m；第二侧枝应距第一侧枝0.4m左右，且着生在第一侧枝斜对面，各主枝上的侧枝伸展方向应一致。每个侧枝可选留若干斜生的枝条，培养结果枝或结果枝组。培养第三层主枝，一般留1~2个主枝，上部的中心枝剪截成开心状，距第二层的层间距0.6m左右，在主枝上直接培养结果枝或结果枝组。

③自由纺锤形整形

自由纺锤形定干高度一般1.0m。将剪口第一芽作为中心干培养，抹去竞争芽，在竞争芽以下萌枝中选留2~3个均匀分布的发育枝做主枝，使间距不少于0.2m，9月下旬拉枝使之角度达80°。冬剪时，疏除主干上距地面0.6m以下的枝条及上部的过旺枝、直立枝；中心干延长枝选饱满芽短截，长势弱的短截时可适当留长。对上年留有主枝的树，发芽后在中心干上选方位适当的萌芽保留做备用主枝，多余的芽抹掉。9月拉枝，使选留的主枝接近水平状态。冬剪时，主枝继续缓放，其上的直立枝、过密枝适当疏剪，两侧生长过旺的1年生枝疏除，中心干延长枝留饱满芽轻短截。第三年修剪参见上年方法操作。冬剪时，在中心干上继续选留3~5个主枝。注意平衡树势，疏除过粗枝和竞争枝，此时树形整形基本完成。完成整形后可按丰产期修剪方法进行管理。

2. 修剪方法

（1）短截

短截是指将较长的枝条剪去一部分。短截能增强分枝能力，降低发枝部位，增强新梢的生长势。短截用于骨干枝延长枝的修剪，培养结果枝组。短截能促使生长而抑制发育，幼树越短截生长越旺。对延长枝的修剪，注意剪口下留芽位置，中心干延长枝留芽方位应在头年留芽的对面，确保中心干通直。主枝延长枝留芽，应留背下芽，需调节枝头方向的，应留同向的侧下芽，确保主枝开张角度。短截分为轻、中和重短截三种。

轻短截，剪去 1 年生枝全长的 1/5 ~ 1/4，或去秋梢，一般形成中短枝较多，单枝生长较弱，能起到缓和树势、增加成花量的目的。多用于辅养枝或培育结果枝组的修剪。

中短截，剪去 1 年生枝全长的 1/2，下年萌发新梢生长势中庸，先端发育成 2 ~ 3 个长枝和一些中短枝，一般用于延长枝和培养骨干枝。中短截修剪减少枝条后部光秃，易形成花枝，生长和结果同时进行，对扩大树冠、促进结果效果明显。树体整形至初丰产期应用较多。

重短截，剪去枝条的 2/3，剪后萌发率高，成枝力强，枝条生长旺盛，一般在剪口下抽生 1 ~ 2 个强旺枝和几个中长枝，多用于发展前途空间大的枝条修剪或培养结果枝组。

（2）疏枝

将 1 年生枝或多年生枝从基部剪除的修剪技术。疏枝的对象是过密枝、病虫枝、不能利用的徒长枝、重叠枝、竞争枝等。疏枝可改善树体的通风透光条件，增强光合作用，促进花芽形成，减少了树体的总生长量，起到削弱全树生长的作用。疏枝所造成的伤口，对上面的枝条有明显的削弱作用，而对下部枝条，相对却起到增强作用。

（3）缓放

缓放即长放不剪。可缓和枝条的生长势，促使弱枝转强，旺枝转弱，增加中短枝数量，有利于营养积累形成花芽。但是，缓放容

易造成枝条后部光秃，结果部位外移。

（4）回缩

回缩是对多年生枝短截缩剪的修剪方式。可改善光照，增强弱枝生长势，降低结果部位，调节延长枝的开张角度，缩剪部位要选在分叉枝的上部剪截，即剪口下要有枝条。由于回缩减少了全树的总生长量，整个树势受到了削弱影响，具体的枝条因回缩的强度、剪口枝的强弱和方向而有差异。回缩多用于衰弱的结果枝组复壮修剪和盛果期后期的大树修剪。

3. 不同树龄的修剪

（1）幼树修剪

仁用杏幼树生长势强，枝条生长量大，易徒长，应采用冬剪和夏剪相结合的方法促进幼树提早成形和快速渡过童期。单靠冬剪，修剪过重，刺激营养生长，枝条无效生长量过大，不易形成花芽，进入结果期晚。杏树过度轻剪，其枝条基部不易萌枝，造成基部光秃现象；直立枝缓放生长量很大，枝条基部也不易萌发出新枝，连年缓放易形成树上长树，下部光秃的现象。在密植园中应多采用轻剪的方法，缓放修剪应视枝条的生长势、着生部位而定。对生长势强或直立的枝条应采取扭枝、拉枝的方法，而直接缓放效果极差。幼树以整形扩冠为主，应尽快扩展树冠、增加结果部位，同时尽可能中短截枝条使其增加萌枝，从而缓和树势，早花早果。

冬剪：冬季修剪的原则为"易早不易晚"，休眠期修剪最好在树液未流动的冬季休眠期进行。对主、侧枝延长枝及中心干延长枝进行中短截。中心干的修剪应视树势强弱而灵活掌握。树势旺、上部树冠偏旺可适当剪留短些；树势弱、下部树冠旺可适当留长些。对树姿直立的品种，中心干可适当剪留短些，对树姿开张的品种，中心干可适当剪留长些。肥水管理好，树体生长量大，中心干可剪留长些；肥水管理差，树体生长偏弱，中心干可适当剪留短些。主枝剪留长度也应灵活掌握，剪留过长，后部易出现光秃，剪留过短新萌发枝条过密，延迟树体整形时间。主枝延长枝剪留长度也要参考中心干生长量和生长势，依据品种、栽培条件而定。对结果枝组的培养和修剪，幼树期一般选择健壮发育枝缓放或轻剪，待形成花芽结果后，进行回缩，根据空间决定结果枝组的大小。发育枝的着生部位和生长方向对培养结果枝组的影响比较大，一般选择枝干中后部的发育枝培养结果枝组，树冠整体通风透光好，树体紧凑，丰产性好。对于高寒地区或年生长期短，树体生长量小的地区，应选择枝干中后部的背上枝培养结果枝组；对于温暖地区或年生长期长，树体生长量大的地区，应选择枝干中后部的侧生枝或侧下生枝培养结果枝组。对主干竞争枝或主枝背上枝根据空间大小采取重短截、疏除，避免枝条过密，影响通风透光。具体修剪手法是剪至瘪芽处，剪留长度为3~5cm，中心干上选留2~3个枝短截培养中、小型结果枝组，其他枝条缓放，直立枝不宜缓放，若缓放时，需将其拉平或扭枝后缓放。冬剪需与夏剪结合。

夏剪：刻芽，也叫目伤。在春季发芽前，用刀在芽的上方横切一刀，深达木质部，促使休眠芽萌发。因为在芽的上方刻伤，阻碍了养分向上运输，使伤口下面的芽得到了充分的养分，有利于芽的萌发和抽枝。刻芽常由于幼树整形，在缺枝的部位进行刻芽，如果涂抹洛阳林科所生产的抽枝宝2号，效果会更好。刻芽时一定要看清芽体要有一定的饱满度，如果是死芽或特别秕芽，达不到抽枝的目的。

抹芽和除梢。幼芽长到3~5m时，抹除剪口芽、竞争芽、过密芽、背上芽和无生长空间芽，节省营养，促进其余枝条快速生长，减少冬季修剪量。

摘心和剪梢。新梢生长30cm左右，或达到要求的长度时摘心或剪梢，增加分枝数量，有利于花芽形成和整形。摘去先端的生长点，叫摘心；剪去新梢一部分，叫剪梢。对杏树摘心和剪梢可以促发二次枝、三次枝。杏树幼树期枝条生长旺盛，生长量大，一般可达1m以上，进行摘心和剪梢可萌发二次枝，减少冬季修剪工作量，也节省了养分，有利于早成形、早结果。

除侧枝、中心干外的其他枝条，在新梢长度达30cm左右时（黄淮流域在5月中下旬，辽宁等地在6月下旬）进行摘心，刺激萌发二次枝增加枝芽级次和数量，使树冠早成形。同时缓和枝条生长势，减少枝条的无效生长量，疏除过密枝条，改善通风透光条件。对于内膛、背上徒长枝，可于7月中下旬留长30m左右进行重短截；若此次仍然没有限制徒长，可在8月中下旬进行再次短截或疏除。

拉枝开角。在8月底至9月中旬，对直立枝、角度过小枝拉枝开张角度。一般对主枝根据整形需要开张枝角45°~70°，对新梢中的徒长枝，竞争枝采取重短截或疏除的方法，控制无效生长。

（2）初结果树修剪

初结果树有相当一部分枝条可以形成花芽，称为结果枝，但树势较强，枝条生长量大。初结果树仍以冬剪和夏剪相结合的方法为好。初结果树的树形已基本形成，以继续扩大树冠、调节营养生长和生殖生长关系，改善通风透光条件，防止内膛枝枯，培养结果枝组为主要目的。

冬剪：继续扩大树冠，增加侧枝和结果枝数量，与幼树冬剪基本相同。在幼树修剪的基础上，对多数发育枝进行缓放轻剪，疏除徒长枝，增加成花量，迅速提高产量。适当疏除过密的辅养枝和结果枝组，防止枝条过密光照恶化，影响花芽形成。对生长衰弱和负载量过大的结果枝采用回缩或疏除的方法，以刺激结果枝组营养生长，复壮树势，避免形成"小老树"。

夏剪：初果期树进入生长季节，首先要抹除剪口芽、竞争芽、过密芽、背上芽和无生长空间芽，避免枝条过密影响通风透光，可适当疏除部分过密枝、重叠枝，对直立或开张角度较小的大枝，先软化后再拉枝开角，缓和树势，促使营养生长迅速向生殖生长转化。

（3）盛果期树修剪

盛果期树枝条数量到达较高值，结果枝比例显著提高，枝条大量结果，单枝生长量明显减弱。盛果期树修剪以维护结果枝组健壮，延长结果枝寿命为主要修剪目的。同时，通过修剪调节大小年结果，稳定果实质量。控制结果部位外移，促进和诱发内膛枝条生长，防止内膛光秃，维持优质高产。

冬剪：疏除或重短截外围生长势强、生长量大的枝条，对结果枝组短截复壮，疏除过密枝及生长衰弱的结果枝组。对衰弱下垂的结果大枝回缩复壮，对内膛一年生枝进行短截，促其发枝，培育结果枝组。对枯死的结果枝组重剪更新，重新培育结果枝组，维护产量。对盛果期结果大年适当剪除部分结果枝，调节产量，减轻大小年幅度，维护生长势。对背上枝及徒长枝根据其生长部位采取重短截、中短截或缓放的方法，使其形成结果枝组。对于过长的延长枝头，可通过回缩或换头的方式控制树冠，避免杏园郁闭。

夏剪：剪去病虫枝、徒长枝，适当疏除过密枝。对生长强壮或过密的外围发育枝可适当剪梢或疏除，保证通风透光。对修剪锯口萌发的枝条，适当疏除，留下的枝条通过在6月中旬进行剪梢，促生分枝，形成结果枝组。对背上旺枝，进行疏除，增强透光性。

（4）衰老树修剪

进入衰老期的仁用杏树，枝条大量死亡，新枝萌生和生长量极小，结果枝细弱，花芽瘦小，坐果率下降，产量急剧下降。此时修剪应适当加重，剪去病虫枝、枯死枝，重短截大、中、小结果枝，促使萌生新枝；对结果枝组要重回缩少缓放，充分利用背上枝、竞争枝、徒长枝进行剪截，培养强壮结果枝组。配合加强肥水管理迅速恢复树势和产量。

（5）放任树修剪

放任树冠多呈乱头型，主枝偏多，枝条紊乱，通风透光不良，树势早衰，结果部位外移，内膛光秃，产量很低。对这类树进行改造，首先要从大枝着眼，根据树的现状，坚持随枝做形的原则，将过多的、交叉的、重叠的大枝和层间的直立枝，逐年去掉，加大层间距离，使阳光射入内膛，诱使内膛发枝，培养结果枝组。同时回缩衰老枝，短截发育枝，抬高下垂枝头。对冠高的树头，要采取落头措施，减少层次，打开"天窗"，多进阳光。经过2~3年的改造，

逐步培养成丰产树形。

（6）修剪应注意的问题

①依品种特性及植株生长状况不同，整形不应死搬硬套，遵循因树修剪、随枝造型的原则。

②栽植密度不同，其整形修剪方法也有一定的差异。密植园多采用轻剪缓放的方法达到早期丰产的目的。但在此基础上也应考虑到进入盛果期后应具有较高的、稳定的产量。幼树以扩大树冠为主，直立枝和背上枝不能直接甩放，应采取拉枝、扭枝等方法，否则易造成甩放过度向上生长，造成枝条后部光秃，形成树上长树的现象，严重扰乱树形影响光照。

③幼树进入初果期，延长枝短截过重，易出现粗壮的枝条，造成主枝生长过旺，无效生长量过大；短截过轻，剪留枝下部不易萌芽、形成下部光秃现象。因此，延长枝短截应结合夏剪，这样既可达到控制无效生长的目的，又增加了枝芽量，便于大量形成花芽，产量快速增加，进入盛果期。

④仁用杏树的长、中果枝短截后易萌发出生长势强、生长量大的新梢；短果枝短截后萌发的新梢仍较弱，难以形成结果枝；花束状枝短截后，剪留部分易枯死，因此短果枝和花束状枝修剪应采取回缩的方式。

⑤仁用杏树单一局部回缩的效果极差，在控制主要生长点生长的同时，进行回缩，其复壮效果较好。

⑥竞争枝不可做侧枝，以免造成主、侧枝不分的现象。

⑦仁用杏树夏剪时期很重要。夏剪的目的不同，修剪的时期也有差异。为控制无用生长，夏剪一般在春季新梢开始生长期和副梢开始生长期进行。不同地区时间存在差异，辽宁地区一般在 6 月上旬至 8 月下旬，洛阳地区一般在 5 月初至 6 月下旬。为达到通过短截刺激枝条二次生长、减缓生长势、增加枝芽量的目的，夏剪宜早不宜迟。

### （三）树体保护

1. 刮树皮

成年杏树树皮粗糙，老皮翘起，并形成许多缝隙，成为很多害虫藏身产卵、越冬的场所。此外，老皮增厚，有碍树干组织的呼吸作用，不利于树的生长发育。因此，每隔1～2年应对成年杏树进行一次刮树皮工作。以消灭越冬害虫、虫卵及病菌孢子，促进树体发育。刮树皮可用专用刮皮刀，刮的深度以老皮为度，不可过深。刮下的树皮应集中烧毁或深埋。除主干老皮要刮之外，大枝也应刮除干净。

2. 树干涂白

涂白既可以消灭越冬害虫和病菌，也可以防止日灼病，是树体保护的一项重要措施。涂白剂的配方是：水18kg，动物油（或柴油）100g，食盐1kg，生石灰6～7kg，石硫合剂原液1kg。先将生石灰用少许水化开，食盐化成盐水，把化好的动物油倒入石灰水中充分搅拌，再把剩下的水加入、搅拌均匀，最后倒入盐水和石硫合剂，混合均匀即成。用毛刷在树干和大枝上、分杈处和根颈部均匀涂抹一层。将刮树皮和涂白结合起来效果更好。

3. 顶枝和吊枝

盛果期大树往往由于挂果太多，常出现大枝压折、劈裂等现象。因此应在早春萌芽以前，进行顶枝和吊枝。方法是在树冠中心立一木杆，木杆下端固定在主干上。木杆上端要高出树冠1～2m，在木杆的中上部绑一横杆，横杆两端固定在大枝上，使中心木杆牢固。然后用绳将各枝吊在中心杆上，使中心木杆牢固。然后用绳将各枝吊在中心杆上，缝扣要系在大枝的中央。这样各大枝吊好后使树冠呈伞状，故名"伞状吊枝法"。对于树冠较小、主枝较低的杏树，可用木棍顶枝。

4. 伤口保护

由于过重的回缩修剪、病虫危害、负载过重以及大风等造成树体较大的创伤，如不及时处理，会引起病菌传染，导致创面腐烂，

严重时感染木腐病，削弱树势。处理的方法是将大的锯口用刀削平，涂上石硫合剂，并用塑料布包扎。冬剪锯掉的大枝应保留 20cm 的短桩，待春季萌芽后再自基部锯掉，以利伤口愈合。

## 三、仁用杏花果管理

### （一）影响仁用杏坐果率的原因

影响仁用杏早期落果的因素除了自身生理落果，外界环境的冻害、风害、病虫害、高温等原因外，树体营养水平和肥水条件异常也会引起大量落果。

1. 管理因素

（1）园址选择不当

仁用杏园建在低洼地、河滩地、冲风口处，易使仁用杏遭受霜冻和大风的危害，影响仁用杏的开花和坐果。

（2）授粉树配置不合理

目前栽植的品种大多是'龙王帽'，没有合理配置授粉树，再加上自然条件恶劣，'龙王帽'等多数仁用杏品种自花不实，因品种单一授粉受精不良，导致坐果量下降。

（3）管理粗放

很多杏园由于忽视正常的土肥水管理，使仁用杏必需的肥水供应不足，树体营养匮乏，导致树体衰弱，花芽分化质量差，导致落花落果严重。

（4）病虫危害

造成落花落果的虫害主要有杏仁蜂、食心虫、金龟子、杏象甲、介壳虫等。病害主要有穿孔病、炭疽病等落叶病害。防治不及时或防治方法不当，造成树体衰弱，产量不高，甚至引起树体死亡。

2. 环境因素

（1）花期大风和干旱

春季干旱风大，花期遇大风使柱头失去黏性，花粉不能顺利着床，使授粉过程受到影响。由于干旱柱头变干萎缩，花粉不能着床萌发，不能正常授粉、受精和坐果。已经坐果的幼果如遇干旱少雨不能顺利生长，造成生理落果。

（2）冻害

仁用杏耐寒力较强，但花期和幼果期抗冻性差，如遇倒春寒易造成花果冻害，造成减产，严重时绝收。

（3）环境污染

栽植在工矿附近的杏园易受污水、有害气体危害，造成根系发育不良、落叶、落花落果，严重时植株死亡。

**（二）提高仁用杏坐果率的综合措施**

1. 栽培管理措施

（1）选择优良品种和配置适当的授粉树

选用'中仁1号''优一''围选1号''丰仁''辽优扁1号'等优良品种，选择'辽白扁2号''白玉扁'等做授粉树建园。

（2）延迟开花

晚秋树冠喷白、树干涂白、早春覆盖树盘、花前浇水等能延迟开花2~3天。花芽萌动期喷一定浓度的丙二醇，能延迟开花4~5天。在花蕾稍露白时喷布石灰乳（按水:生石灰＝50:10的重量比配制，同时加100g柴油）推迟花期。

（3）合理修剪

加强修剪管理，根据不同的树龄、树势、立地条件等采取合理的修剪措施。禁忌盲目大砍大锯或放任不剪。

应及时去除背上枝、病虫枝、内膛徒长枝、外围竞争枝改善树体内部光照和通风状况，促进花芽分化和质量。冬季重剪，多培养副梢果枝，因两次或三次枝上的花芽形成的晚，第二年萌动和开花也晚，可以躲过晚霜。一般强旺枝剪去1/6~1/3，中度枝条剪去1/2左右。夏季摘心减少落果，果实膨大期也是新梢旺长期，摘心可使新梢停止生长15天左右，使养分流向幼果，提高坐果率。摘心时间是新梢生长到30~40cm时进行。

杏树易流胶，一般不宜采用环状剥皮的方法进行树体调控，而

采用绞缢的方法进行。在春季杏树发芽后进行，于冬季落叶前解除，可促进花芽形成。

（4）花期喷水和喷肥

盛花期喷水、0.2%的硼砂、1.0%蔗糖水等溶液可提高坐果率，可与人工辅助授粉结合起来。

（5）疏花疏果

疏花疏果的时间越早越好。疏果要在仁用杏生理落果结束后进行，通常在开花后4周左右进行。疏果部位为树冠中下部多留、外围和上层少留、辅养枝和强枝多留、骨干枝和弱枝少留，同一枝条上，要疏两头留中间幼果。

2. 花期授粉，防霜冻

（1）人工辅助授粉

在开花的前1～2天，采集授粉品种的花蕾（呈气球状）（彩图13A），将花瓣掰开，放在一个细铁筛上揉搓，收集筛下的花药（彩图13B），在室内晾干，温度保持在20～25℃，经过一昼夜花药即可开裂散出黄包花粉（彩图13C）。可用光滑的纸铺在竹帘上，再将花药铺在上摊开，待花药裂开散粉时，将其收集在广口瓶中，置于冷冻处保存备用。使用前用5倍（重量比）的滑石粉或淀粉等将花粉稀释，并充分混合均匀。

授粉时间为仁用杏的盛花期。人工辅助授粉方法通常有抖授法和喷授法2种。抖授法是用两层纱布将花粉包好，将花粉抖授在柱头上。喷授法是目前效率较高的人工授粉方法，即将收集的新鲜花粉配成悬浮液进行柱头喷雾授粉。具体为将蔗糖、硼砂和清水按照比例为1:0.2:100的比例配成溶液，使用时每50kg溶液加入干花粉5～10g，充分振荡混合均匀，于盛花期上午09:00～11:30喷施杏花（彩图13D），共计2次。每次配置的悬浮液尽量在1h内喷施完毕。

（2）花期放蜂

杏花为虫媒花。要依靠大量蜜蜂等昆虫来授粉，为了提高坐果率，充分发挥不同品种间异花授粉的杂交优势，花期提倡园内养蜂或放蜂(每亩放一箱蜂),保护和利用授粉昆虫,营造利于授粉昆虫活动的环境。

(3)预防晚霜

①霜冻的危害

黄淮流域杏树花期和幼果期在 3 月中下旬至 4 月上旬,辽宁、河北等地在 4 月中下旬至 5 月上旬,此时北方易受来自西伯利亚冷空气的影响,导致北方气温剧烈变化,常伴随有寒潮或大风降温天气,晚霜危害往往造成仁用杏花芽(彩图 13E)、杏花器官(彩图 13F)、幼果受冻害(彩图 13G、H),尤其是幼果期遭遇晚霜,通常情况下仁用杏花蕾期低温下限约为 - 3.9℃,开花期约为 - 2.2℃,幼果期仅约为 - 0.6℃,低温持续超过 0.5h 即可导致幼果大量脱落,造成仁用杏减产或绝收,重创产业发展。因此有效地进行霜冻预测和采取有效的预防霜冻措施,是争取仁用杏高产稳产的重要措施。

②霜冻预测

现有研究表明,仁用杏花芽萌动的起始温度为 5℃,开花的生物学起点温度为 10℃,从 1 月开始当日均温 ≥5℃ 时开始计算有效积温,当有效积温满足后且连续日均温为 10℃ 时,杏就进入初花期,整个花期按 7 天计算。根据已知的初花期可计算出开花所需的有效积温(日均温 ≥5℃)。

生产中仁用杏花期的参考预测公式为:

开花期 =(有效积温 ≥102℃)∩ [(持续 7 天)≥10℃]

其中有效积温 ≥102℃ 含义为花期有效积温大于或等于 102℃,∩ 为连接符号;持续 7 天 ≥10℃ 含义为持续 7 天平均温度大于或等于 10℃。整个公式的含义为:仁用杏花期有效积温 ≥102℃,并有持续 7 天平均温度大于或等于 10℃ 即可预测为开花期。实践中,活动温度与生物学下限温度(杏花萌芽的生物学下限温度为 5℃)之差,叫做有效温度,有效温度的总和为有效积温,把大于等于 5℃ 的日平均气温值叫做活动温度,有效积温从每年 1 月的第一天开始计算。

生产中仁用杏果期的参考预测公式为:

果期 = 开花期 ∩ [（持续 30 天）≥ 20℃ ]。

含义为仁用杏满足开花期的条件，并且连续 30 天日均气温大于或等于 20℃ 。

一般下雪或下雨过后，空气相对湿度都较大，当湿度开始一直持续性偏高且露点温度呈快速下降趋势时，就要开始提前做好预防霜冻工作。生产上可根据霜冻预测公式：

霜冻 = （开花期 ≤ −2.8℃）∪（果期 ≤ −0.6℃）

霜冻预测公式的含义：花期最低气温小于或等于 −2.8℃ 或者果期时最低气温小于或等于 −0.6℃ ，就会受到晚霜危害。

③预防霜冻的措施

预防晚霜的措施很多，除了合理选择园址、建设防霜林、选用花期抗寒品种外，在霜冻来临前采取一些必要措施也可避免或减轻霜冻的程度。

a. 熏烟法：是我国果园常用的传统防霜冻危害的方法。熏烟能够预防霜冻的主要原因是利用烟雾释放的一定热量，提高了杏园的温度。此外，由于烟雾中大量的二氧化碳和水蒸气形成的烟幕阻止了冷空气的下沉与流动，从而使杏园的气温不致下降过于剧烈而到达引起冻害的临界温度。熏烟的主要原料是作物秸秆、落叶、杂草等。为了最大程度产生烟雾，不宜有明火发生，因此在熏烟堆上盖些潮湿的材料或压一层细土。熏烟堆应放在果园的上风口、每堆用柴草 25.0kg 左右，每亩放置 6~10 堆为宜。也可以按硝铵:柴油:锯末 =3:1:6 的质量比混合制成烟雾剂。每个烟雾堆的距离保持在 30m 左右。点火时期应以当地气象站发布的气象预报或根据公式计算的霜冻来临时间为依据，做到专人值班，随时观察温度和天气变化情况。当杏园 2.0m 处气温降到 −1.5℃ 时，0.5h 持续下降，应立即点火。如在 0.5h 稳定在 −2℃ 以上，则不必点火。柴堆熏烟可提升仁用杏园温度 3℃ 左右，从而有效抵抗杏园霜冻危害。熏烟法的缺点是提升杏园温度有限，且费时、费工、费力，操作比较繁琐。因此，熏烟法适用于面积较小的杏园，不适用规模较大的杏园。

b. 浇水法或温度调控法：浇水抗霜冻的原理是利用水具有较大的比热容，起到稳定较低的地温，降低地面辐射，补充树体水分，增加空气湿度，提高露点温度等显著改善了杏园的田间小气候，从而降低了冻害危害程度。实践证实，浇水可有效抑制地温升高，显著抑制杏树成花素的积累丰度，达到推迟花期的目的（一般可推迟3~4天）。具体方法为：在花芽生理分化期（内蒙古赤峰、辽宁朝阳等地约在8月15日前后，以下未注明地点的均表示为内蒙古赤峰、辽宁朝阳地区）开始树盘覆草，11月15日浇灌一次封冻水，次年立春至开花前每隔15天给树盘灌水，可推迟仁用杏花期7天，延长花期3天；在当年10月15日（花芽形态分化期）开始树盘覆草，11月15日浇灌一次封冻水，次年立春至开花前每隔15天给树盘灌水，可推迟仁用杏花期5天，延长花期2天；在当年11月15日（封冻前）开始树盘覆草，覆草后立即灌水，次年立春至开花前每隔15天给树盘灌水，可推迟仁用杏花期2天，延长花期1天。次年2月5日（花芽内休眠解除期）开始树盘覆草并灌水，至开花前每隔15天给树盘灌水，可推迟仁用杏花期2天。对覆草的杏树灌水处理后，20cm土层温度的单日日均温变化，覆草与灌水后平均温度下降了3.9℃，20cm土层温度的连续数日日均温变化，平均降低了5.1℃，处理组高温与低温的差异小，温度变化很平缓，而对照组高低温差异较大，变化幅度也大；40cm土层温度的单日日均温变化，覆草与灌水后平均温度下降了3℃，40cm土层温度的连续数日日均温变化，平均降低了6.9℃，灌水后温度下降到0.1℃且一直处于恒温状态，没有高低温的差异，而对照组有高低温的差异，变化幅度也较明显，灌水后40cm土层的土壤温度比20cm土层的土壤温度下降快，且温度也下降到最低；与对照相比，不同时间覆草灌水都可以提高仁用杏的成花率和坐果率，其中8月中旬开始覆草灌水的成花率增加了24.1%，坐果率增加了22.4%，说明越早覆草灌水不仅能推迟花期

时间更长，而且能促进仁用杏成花率和坐果率的提高。覆草推迟花期的原理：覆草后，不仅降低了地表辐射率，还具有保持土壤根部水分的作用。地表辐射小，土壤湿度大，导致根部土壤温度下降。从实验结果可以得知，越早覆草，推迟花期时间越长。8月正是花芽旺盛分化期，此期，花芽内部的一些控制开花的基因可能已经提前开始表达，这些开花基因的表达与温度有关，降低土温可以抑制开花基因的表达，使树体提前进入休眠期，延长了花芽的休眠时间，推迟了控制开花基因的表达时间，从而推迟仁用杏花期。灌水推迟花期的原理：灌水后土壤温度下降会引起树体根部温度的下降。早春土壤解冻后，土温开始迅速上升，随着土温的迅速提高，仁用杏根部才开始活动，进入萌芽期阶段。然而这个时间段称为调控花期的关键时期，灌水后使土壤温度迅速下降，土壤温度得到抑制，推迟并延长了仁用杏萌芽期。另外，间歇喷水、喷硝酸铵等达不到推迟花期的效果。单独覆草或灌水对仁用杏的花期影响也不明显，只有在适宜的时期利用灌水与覆草两者配合使用时才能收到良好的效果。这种栽培措施无须成本、操作性强、效果显著、农民容易掌握、比较适合于大范围推广。

c. 施肥法：仁用杏幼果期发生霜冻对生产上的影响比花期更严重。花期遭受霜冻可导致花器官冻害和杏花败育率高、坐果率低，造成减产。幼果期遭受霜冻后轻则减产，重则绝收。施肥的实验结果表明，在同一地理位置条件下，每株施有机肥10～15kg能提高仁用杏幼果期抗冻率50%左右，杏果长势一致，果大、果多，可能是由于有机肥含有多种微量元素，能够增加土壤有机质含量，疏松土壤，改良土壤质地，有效促进仁用杏长势，促进花果发育；每株施复合肥1～1.5kg能提高杏树抗冻率25%左右，复合肥含有固定比例的氮-磷-钾，且养分含量高，不含任何无用的副成分，对土壤无毒害作用，能促进幼果生长良好；每株施氮肥0.5～1kg能提高杏树抗冻率10%左右，施用氮肥能促进杏树长势，但单施氮肥肥料种类单一，且氮肥施用过多会导致土壤板结，杏果小、长势差。未施肥的杏树果实（对照）受冻严重，导致减产或绝收，受冻果实呈干瘪、皱缩状。因此，施肥能提高杏树抗冻率，但在海拔比较高、山坡坡度比较陡的干旱地区，施肥也是一件比较繁琐的工作，施肥比较适合在地势较平缓的山地、丘陵以及平原地区推广使用。

d. 光照调控：人工调控光照可减少树体吸收太阳热量，降低树体温度，推迟仁用杏花期。早春（2月初）采用单层、双层遮阳网覆盖大扁杏树，对其进行遮阴处理后，与对照相比，单层遮阳网覆盖可推迟花期3天，双层遮阳网覆盖可推迟花期5天，都能降低光照强度和空气温度，提高大扁杏成花率和坐果率。单层遮阳网覆盖处理在晴天单日使树冠内光照强度平均减少了51528 lx，双层遮阳网使光照强度平均减少了77570 lx；单层遮阳网覆盖处理在阴天单日使树冠内光照强度平均减少了3388 lx，双层遮阳网使光照强度平均减少了5962 lx；使用单双层遮阳网覆盖树后，晴天的曲线变化比阴天的变化幅度大，不同处理间的光照强度最高点的差异也比阴天大，说明晴天的遮阴效果比阴天的强；单层遮阳网覆盖处理连续数日使树冠内光照强度平均减少了5106 lx，双层遮阳网使光照强度平均减少8472 lx；单层遮阳网覆盖处理单日平均树冠内空气温度比对照低1.9℃，双层遮阳网比对照低4℃；单层遮阳网覆盖处理连续数日平均树冠内空气温度比对照低2.1℃，双层遮阳网比对照低3.9℃，遮阴越重，降温越明显；与对照相比，单层遮阳网覆盖处理的成花率增加了10.1%，坐果率增加了5.1%，双层遮阳网覆盖处理的成花率增加了22.7%，坐果率增加了12.7%。

e. 树体营养调控：在10月15日环割4~10圈虽然可以推迟仁用杏花期1~9天，但是降低了仁用杏的成花率和坐果率。在休眠期（1月15日）环割5圈以上虽然能起到推迟花期的目的，但是影响树体的正常开花，环割导致树体花芽小、结果小，且环割的程度越深，对树体的伤害越严重，严重者导致花芽不开放、不结果。

f. 植物生长调节剂调控：通过实验筛选出了几种推迟花期的有效方法在：8 月 20 日、10 月 20 日和 11 月 20 日，喷施浓度范围为 1.5~3g/L 的比久（B₉）可推迟仁用杏花期 5~12 天，延长花期 1~3 天，且比久作用温和，浓度过高时，会增加对茎的抑制程度，不会有杀死的危险；喷施浓度为 0.1~1.0ml/L 的乙烯利，可推迟仁用杏花期 5~15 天，延长花期 1~5 天，但喷施浓度为 2.0ml/L 以上时，仁用杏的开花受到影响，树体流胶严重，且浓度越高导致仁用杏未开花，树枝干枯，严重影响树体正常生长发育；喷施浓度为 2.0g/L 的 PP333 可以推迟仁用杏花期 3 天；在 2 月 5 日至 4 月 20 日，喷施浓度为 1.0~1.5g/L 的青鲜素，可推迟仁用杏花期 2~4 天，但喷施浓度为 2g/L 以上时，严重产生药害，导致仁用杏未开花；喷施浓度为 5~15mg/L 的 ABA 可以推迟仁用杏花期 1.5~3 天。

g. 组合措施调控：通过实验得出，在当年 8 月 15 日进行覆草与灌水 + 环割 5 圈的组合处理可推迟仁用杏花期 7 天；涂白树干树枝 + 覆草与灌水的组合处理可推迟仁用杏花期 7 天；铝箔遮阳网包裹树干树枝 + 覆草与灌水 + 环割 5 圈的组合处理可推迟仁用杏花期 8 天；涂白树干树枝 + 覆草与灌水 + 环割 5 圈的组合处理可推迟仁用杏花期 8 天。10 月 15 日进行涂白 + 覆草与灌水处理可推迟仁用杏花期 5 天；涂白 + 环割 5 圈 + 灌水与覆草处理可推迟仁用杏花期 6 天。11 月 15 日进行涂白 + 灌水与覆草处理可推迟仁用杏花期 3 天。利用组合处理调控花期时，覆草与灌水才是有效的花期调控措施，其他环割和光照调控措施推迟花期的效果不明显。

h. 喷施化学抗冻剂：在霜冻来临之前，喷施 2~3 次 20%~30% 的 1,2-丙二醇或 20%~30% 的 1,2-丙二醇加 10% 的葡萄糖，能在花期或幼果期抵抗 8h 以上 −5℃ 以下的低温，且对仁用杏花朵和幼果不造成伤害，也不影响仁用杏的坐果率。目前，1,2-丙二醇作为一种新型抗冻剂还未在其他果树上使用过，且其防冻效果显著、使用成本低、操作简单，将具有很大的市场潜力和推广应用前景。

除了以上方法外，还可以采用物理方法——防霜机进行幼果期晚霜预防（彩图13I）。防霜机的工作原理为：日落后，园地垂直方面形成"逆温效应"，即上层空气温度明显高于近地层，防霜机把上层暖空气不断送到下层，提高升温，组织结霜；日出后，已结冻的植物组织会迅速升温解冻，造成细胞进一步损伤，延迟防霜机运转能减速解冻；下霜时，夜间植物体大量辐射放热，植物体表温度一般比气温低1~1.5℃，通过空气扰动，减小植物体表与空气间的温差，有利于促进稳定的生育节律，进而提高品质，提早采摘。防霜机在国内外茶园、苹果园、梨园、桃园、柿园等果园广泛的应用。

## 四、仁用杏病虫害防治

### （一）主要病虫害种类

1. 虫害

（1）李小食心虫

1年发生2代，以老熟幼虫越冬，翌年4月下旬至5月上旬化蛹，5月中下旬为羽化盛期，成虫具趋光性。成虫羽化后经1~2天开始产卵，1周左右孵出幼虫，并蛀入果肉（彩图14A），幼虫期约20天左右，此代幼虫老熟后脱果，一部分寻找适当场所结茧越冬，其余的继续化蛹。7月中旬出现第2代成虫，成虫仍产卵在果实上，幼虫大部分从果梗基部蛀入，老熟幼虫脱果后在土壤、杂草中作茧化蛹。早期受害果大量脱落，或提前成熟变红。

（2）杏仁蜂

杏仁蜂又称杏仁蛆。主要以幼虫危害杏仁，造成大面积的落果和严重的减产。1年发生1代，以幼虫在落杏的杏核内或枯干枝条上的杏核内越夏并越冬。翌年4月化蛹，杏落花后开始羽化。初羽化的成虫1~2h后开始飞翔并交尾，卵多产于果实内。孵化幼虫即在核内食害，造成大量落果。幼虫蜕皮4次，大约在6月上旬老熟并开始越夏、越冬。

（3）桑白蚧

1年发生2代，以受精的雌虫在枝干上越冬，第2年4月下旬至5月初产卵于介壳下，5月上中旬孵化，6月中旬至7月中旬第1代成虫出现，7月下旬产卵孵化，8月中下旬危害严重。雌雄成虫交尾后，雌虫继续危害至秋末，然后越冬。桑白蚧以雌成虫和若虫群集固着在枝干上吸食养分，严重时灰白色的介壳密集重叠，形成枝条表面凹凸不平，树势衰弱，枯枝增多，甚至全株死亡。若不加有效防治，3~5年内可将全园毁灭。

（4）杏球坚蚧

每年发生1代，以初龄若虫被一层蜡质固定在枝干裂缝处或枝条上越冬（彩图14B）。第2年4月开始活动，4月下旬雄性若虫分泌蜡质形成薄茧，5月初羽化为成虫（彩图14C），交尾后的雌虫5月下旬产卵于介壳下，若虫孵化后分散到枝条、叶背上危害至秋末。虫口密度大，终生吸取枝干汁液，受害后，树体生长不良，受害严重的寄主致死。

（5）桃蚜

又名蚜虫、腻虫等。寄主达300多种，是蔷薇科的主要害虫之一。以成虫、若虫群集在嫩芽、叶片、嫩梢等刺吸树体汁液危害。同时，蚜虫分泌大量的蜜露，导致煤污病发生。1年可发生10~20代，以卵在树枝的腋芽、树干裂缝和小枝杈等处越冬，次年杏树萌芽时卵开始孵化，以孤雌胎生不断进行繁殖，5~6月危害严重。产生有翅雌蚜后，迁飞到寄主上繁殖，秋季又产生有翅蚜迁返杏树，产卵越冬。受害后，叶片萎缩，果实发育不良，甚至枝梢干枯，影响到次年开花结果。春季干旱有利于蚜虫发生。

（6）桃红颈天牛

每2~3年发生1代，幼虫在树干蛀道内越冬，来年春季恢复活动，老熟后黏结粪便、木屑等在木质部作茧化蛹。6月下旬至7月中旬成虫羽化后，从蛹室钻出，交配并产卵于树干翘皮下，或截枝断面的缝隙中，7月中旬至8月上旬卵孵化，幼虫就近在树皮下取食，逐渐向木质部蛀入。在管理粗放的果园发生严重，幼虫蛀食枝干，常在韧皮部与木质部之间为害，近老熟时，深入木质部向上或向下蛀食颈部，造成树干中空，疏导组织破坏，从外表可见树干基部堆积大量红褐色粪和树木的碎屑，轻者树势衰弱，重者全株枯死。

（7）金龟子

金龟子是一类病害的统称，一般有两种即黑绒鳃金龟子和小青花金龟子。

黑绒鳃金龟子1年发生1代，以成虫在土壤中越冬。翌年4月成虫开始出土，4月下旬至6月中旬进入盛发期，以雨后出土数量较多。5~7月交尾产卵，卵多产在10cm土层内，孵化期月经历10天左右。成虫出土后与傍晚时分迁移到树上危害花芽、嫩叶、花蕾及花器官，并觅偶交配，夜间气温下降后又潜入土中。

小青花金龟子1年发生1代，以成虫在土壤中越冬或以老熟幼虫在土壤中越冬。以幼虫在土壤中越冬者早春化蛹、羽化。果树开花期出现的成虫，4月上旬至6月上旬为成虫发声期，5月上中旬进入盛期。

（8）桃柱螟

学名桃柱野螟。在我国北方地区1年发生2~3代，以老熟的幼虫在仁用杏树皮的裂缝或者在临近地块的玉米秸秆中越冬。翌年5月化蛹，6月成虫形成。以幼虫危害仁用杏杏果为主，在果实外表形成虫洞，造成果实脱落。具有白天潜伏、夜间交尾产卵的习性。每次产卵量2~3枚，卵期约7天，幼虫期约3周，蛹期约10天，7~8月发生首代成虫，隔1个月发生第2代幼虫。

（9）浮尘子

浮尘子又叫大绿浮尘子、大绿叶蝉、大青叶蝉等。在我国北方地区1年发生3代，以虫卵在仁用杏枝条皮层内过冬。春季萌芽时孵化，若虫期30天左右，第1代成虫于5月中下旬发生，卵期10天左右，7~8月第2代成虫发生，9~11月出现最后一代，存在世代重叠现象。10月下旬进入产卵期，卵期150天以上，单虫产卵量40~

50 枚。

(10) 刺蛾类

刺蛾是鳞翅目刺蛾科昆虫的通称，全世界大概有 500 种。别名扁刺蛾、八角虫、洋辣子、羊蜡罐、白刺毛、炸辣子、火辣子、毛辣子、辣毛、洋辣子毛等。其身上的刺有毒，人体碰触后会引起剧烈疼痛等反应。在仁用杏树上主要有黄刺蛾、扁刺蛾（*Thosea sinensis*）、绿刺蛾（*Latoia sinica*）（彩图 14D）等类型。该类害虫在中部及北方地区 1 年发生 1 代，南方地区 2~3 代。黄淮地区 5 月化蛹，6 月上旬羽化、产卵，世代重叠，6~8 月均有幼虫，8 月为盛发期，成虫多在黄昏羽化出土，昼伏夜出，羽化后交配，2 天后产卵，多散产于叶面上，卵期约 1 周。9 月后以老熟幼虫在 3~6cm 土层内结茧越冬。

(11) 椿象类

椿象隶属足亚门昆虫纲有翅亚纲半翅目蝽科，是半翅目昆虫中种类最多类群，全世界椿象科约 5000 种。在中国北方地区 1 年发生 1~2 代。在 6 月中旬前产卵，经孵化可为第 1 代成虫，此时羽化越冬代为第 2 代，在此之后产卵当年只能发生 1 代。

(12) 金针虫

金针虫，也称叩头虫，是鞘翅目叩甲科类幼虫的通称，以植物的地下部分为食的地下害虫，在我国有 160 余种。金针虫在我国北方地区一般 3 年完成 1 个世代，其老熟幼虫在 8~9 月土壤 15cm 处化蛹，蛹期 18 天左右，9 月上旬羽化成虫，成虫当年在土壤中越冬，翌年 3~4 月交尾产卵，5 月卵开始孵化。该类害虫生活期长，受环境影响较大导致世代重叠严重。土壤温度和湿度是影响金针虫活动的主要因素，土表温度在 6℃左右金针虫开始向表土移动，土温在 7~20℃是金针虫活动的适宜温度范围；春、秋季雨水适宜，土壤墒情好的年份危害重，相反危害轻。因此春、秋两季土壤温度最适合金针虫活动为危害高峰，此时金针虫从土中钻出地面危害。夏季、冬季不适合虫体活动，钻入土壤中越夏或越冬。

除了以上这些常见的害虫外，还有像舞毒蛾（彩图 14E）等以幼

虫为主要时期危害仁用杏叶片，此类害虫的主要特点是取食量大，几周内可把树叶吃光，生产中也应注意。

2. 病害

（1）白粉病

白粉病是蔷薇科的主要病害之一。发病后的主要症状是在叶片表面形成一层白粉状物，故名，受害叶片多发生在叶片正面。白粉病是一种高等真菌性病害，病菌主要以菌丝体形态越冬。白粉病对湿度要求较高，喜湿，怕旱。一般在干旱年份潮湿的环境或多雨季节通风透光良好的果园发生较多。白粉病在黄淮流域的高发季节在5～6月。

（2）杏疔病

杏疔病病原是一种高等真菌性病害，由子囊菌亚门多点菌属杏疔座霉菌侵染所致的病害，主要危害杏树的新梢、叶片，也危害花和果实。新梢受害，整个枝叶全发病，生长缓慢，节间缩短变粗而呈簇生状，逐年枯死，树冠不易扩大，结果少，树势衰弱，寿命缩短。病因以子囊壳在病叶内越冬，挂在树上的病叶是此病主要的初侵染源。春天子囊孢子从子囊中射出，借风力或气流传播到幼芽上，通适宜条件即萌发侵入。5月间呈现症状，10月间病叶上产生子囊壳。春季多雨潮湿利于病害的发生。新梢染病后，生长缓慢或停滞，节间短而粗，病枝上的叶片密集而呈簇生状，表皮初为暗红色，后为黄绿色，其上有黄褐色突起的小粒点，即病菌的性孢子器。叶片被害，先从叶脉开始变黄，沿叶脉向叶片扩展，叶片由绿变黄，后期呈红褐色或黑褐色；厚度逐渐增加，比正常叶厚4～5倍，并呈革质状，质硬脆，病叶正、反面布满褐色小粒点，遇雨或在潮湿条件下，从性孢子器中涌出大量橘红色黏液，含无数性孢子，干燥后黏附在叶片上。病叶到后期干枯，挂在树上不易脱落。

（3）细菌性穿孔病

该病由细菌引起，病原细菌在枝条溃疡处越冬，翌年春季借风雨或昆虫携带传播，经气孔或皮孔入侵。一般排水不良，树势弱，肥水条件差的果园，在天气温暖多雨、多雾的条件下发病严重。叶

片、果实和枝梢均可被害，叶上病斑初为水渍状，后扩大为圆斑或不规则形的病斑，颜色为红褐色或褐色，病斑周围有黄绿色晕环，以后病斑周围形成一圈裂纹，仅有一小部分与叶相连，极易脱落形成穿孔，病叶干枯早落。枝梢被害时，呈水渍状紫褐色斑点，后凹陷龟裂，外缘呈水渍状。

（4）流胶病

根瘤病（彩图14F）和流胶病是仁用杏生产中常见的较为严重的疾病，其中根瘤病主要发生在蔷薇科连作的地块，至今尚无有效的治疗的方法，通常的预防措施是避免重茬，而流胶病（彩图14G）的病因较为复杂，通常分为侵染性和非侵染性两种类型。侵染性流胶病主要发生在枝干上，也可危害果实。侵染性流胶病，是由子囊菌亚门的一种真菌引起的病害。病菌在被害枝条内过冬，分生孢子通过雨水和风传播。雨天从病部溢出大量病菌，顺着枝条流下或溅附在新梢上，从皮孔、伤口侵入，成为新梢初次感病的主要菌源。枝干内潜伏病菌的活动与温度有关。当气温在15℃左右，病部即可溢出胶液，随气温上升，树体流胶点增多，病情逐渐严重，1年中有两次发病高峰，分别在5月下旬至6月下旬和8月上旬至9月中旬，入冬以后流胶停止。1年生枝染病，初时以皮孔为中心产生疣状小突起，后扩大成瘤状突起物，上散生针头状黑色小粒点，翌年5月病斑扩大开裂，溢出半透明状黏性软胶，后变茶褐色，质地变硬，吸水膨胀成胨状胶体，严重时枝条枯死。多年生枝受害产生水泡状隆起，并有树胶流出，受害处变褐坏死，严重者枝干枯死，树势明显衰弱。果实染病，初呈褐色腐烂状，后逐渐密生粒点状物，湿度大时粒点口溢出白色胶状物。非侵染性流胶病为生理性病害，发病症状与前者类似，冻害、病虫害、雹灾、冬剪过重，机械伤口多且大都会引起生理性流胶病发生。此外结果过多，树势衰弱，亦会诱发生理性流胶病发生。

除了以上常见的病虫害外，仁用杏多栽植在浅山丘陵地带，这些地方野兔较多，生产中因兔子冬季取食需要，往往造成大面积杏园根部树皮被取食，尤其是对新造林造成严重的危害（彩图 14H），对于野兔较多的山地可采用在仁用杏树体根部涂抹废弃机油的方法进行预防。

**（二）主要病虫害综合防治技术**

1. 农业综合防治技术

（1）加强病虫害的预测预报

及时发现，及时防治。加强苗木、接穗检疫，防止病虫害扩散蔓延。

（2）培育和利用抗病虫品种

选择优良品种，利用已选育的丰产、抗病的品种接穗育苗和无病毒健壮苗木建园。

（3）合理肥水，提高树体抗逆能力

加强肥水管理，增强树势，提高抗病性能。通过合理的平衡施肥、园地生草覆盖树盘等措施，改变果园的生物种群。禁止混栽，避免病虫交叉危害。

（4）合理修剪，控制病虫

合理修剪保证树体有良好的通风透光条件，防止病虫害发生。冬季修剪少疏枝，减少枝干伤口，剪除病枯枝干，集中烧毁。注意生长季节及时疏枝回缩、疏花疏果，减少负载量。

（5）保护和合理利用害虫天敌

利用天敌控制病虫害的发生是很好的综合防治技术，不但经济有效，而且环境友好，生态环保，可谓一举两得。如蚜虫的天然天敌有瓢虫、食蚜蝇、草蛉虫、蚜茧蜂等，椿象类的天敌有寄生蜂、螳螂和植株等，均需加以保护和利用，因此不要在天敌活动的高峰期喷洒光谱性的杀虫剂。

2. 物理机械防治技术

利用光照、温度、辐射、气体、各种膜物质等物理因素和简单器械防治病虫害的一类方法。包括人工捕捉，刮树皮，摘除病虫果和剪除病虫枝，刨树盘和清扫果园枯枝落叶，树干绑缚草绳草把诱

杀害虫，树盘覆地膜、绑塑料裙阻止害虫上树，树干涂白（涂刷石灰水）等措施，以上方法多用于越冬代各虫态的清除，以压低病虫害发生的基数。防治杏球坚蚧和桑白蚧可用硬毛刷或细钢丝刷刷除寄主枝干上的虫体。该类方法操作简单，成本低，效果好，没有污染，是无公害果品生产的首选防治措施。具有假死性、趋光性的害虫，如桃蛀螟、浮尘子可在成虫发生期的傍晚进行捕杀或者悬挂黑光灯或频振式诱虫灯，诱杀成虫，如金龟子等害虫。

3. 不同病虫的化学药物防治技术

化学药物防治一定要坚持保护天敌生物，减少环境污染的原则，还要遵循农药使用规则和执行国家关于农药在果品生产中有关残留有害物质的标准。

（1）蚧壳虫类

杏树常感染的蚧壳虫主要有两类：桑白蚧壳虫和杏球坚蚧，两者的发生规律不同，但危害和防治方法相同。蚧壳虫防治的关键为适宜的喷药时期，初孵若虫开始分散至固定危害前喷药效果最好，如黄河以北的地区在 5 月中下旬防治。

早春杏树发芽前喷 5°Bé 石硫合剂，发芽后喷 0.3°Bé 石硫合剂效果最好，可以防治蚧壳虫和病菌类等大部分病虫害，消灭越冬虫卵。蚧壳虫发生严重地块在 6 月蚧壳虫若虫分散转移期，喷洒 20% 速灭杀丁 2000 倍液，注意保护利用天敌黑缘红瓢虫。

（2）李小食心虫

食心虫防治的技术关键在于喷药时期，在各代卵发生高峰期和幼虫孵化期喷药效果最好。从 4 月中旬至 6 月上旬日常管理中注意虫害发生率，当卵果率达 1.0% 左右时立即开始喷药防治。常用的药剂有：毒死蜱、高效氯氰菊酯、甲氰菊酯、杀螟硫磷、灭多威、速灭杀丁等，按照药剂的说明书使用。生产中一般在落花后 5~7 天和硬核期分别喷一次 2000 倍液速灭杀丁，可防治食心虫类害虫。

（3）蚜虫

果树开花前喷药是蚜虫防治的关键时期。因此，应在杏花花芽开放前喷药 1 次进行防治，其次在落花后喷药 1 次，然后间隔 10 天左右再喷药 1~2 次，具体喷药次数应根据蚜虫的虫情指数来定。常用药剂有：吡虫啉、啶虫脒、苦参碱、毒死蜱、高效氯氰菊酯、灭多威等，按照药剂的说明书施用即可。

（4）桃红颈天牛

成虫产卵前，在树干、主枝上涂抹白涂剂，防止成虫产卵。涂白剂配方为：硫黄：生石灰：食盐：水 = 1：10：0.2：40 配制。成虫发生期，利用午间成虫静息枝条的习性，振落捕捉，或在树干及大枝上喷 1605 乳剂 2000 倍液防治成虫。当天牛形成虫道进入树体，可将虫道清理干净后塞入 56% 的磷化铝片剂单片的 25%~30% 的药量，再用黄泥封闭，利用药物挥发杀灭害虫；也可用 80% 的敌敌畏乳油 10~20 倍液体滴入虫道封杀害虫。

（5）金龟子

金龟子防治可分为树上和树下防治两个方面。树下防治是利用金龟子具有深夜入土的习性，在成虫发生期进行地面用药，毒杀成虫。一般每亩地用 15% 的毒死蜱颗粒剂 0.5~1.0kg 或 5.0% 的辛硫磷颗粒 2.0~3.0kg，均匀撒施于地面，然后浅耙带药入土；或者用 50% 辛硫磷乳油 300~400 倍液或 48% 的毒死蜱 500~600 倍液，均匀喷洒地面，并将表层土壤喷湿，然后耙松表土即可。树上防治主要针对病虫害发生严重的果园。在成虫发生期内（一般在杏树开花前后）的傍晚，选择具有触杀功能的农药进行喷药防治。常用的杀虫剂有：毒死蜱、辛硫磷、马拉硫磷、灭多威、高效氯氰菊酯等。对于特别严重的杏园，采用树上、树下相结合用药的策略能取得显著的效果。

（6）杏仁蜂

由于杏仁蜂主要以幼虫危害杏仁，因此防治时期极为重要。成虫羽化期，在地面撒施 25% 的辛硫磷 10~20 倍毒杀，撒施后浅耙入土混合均匀，以毒杀出土成虫。杏树落花后，向杏树上喷布 50% 的敌敌畏 800~1000 倍液或 20% 杀灭聚酯 5000~6000 倍液，消灭出土和产卵的成虫。

（7）桃柱螟

化学防治可采用 24% 灭多威 800 倍、48% 毒死蜱 1600 倍、25% 高效氯氟氰菊酯 1600 倍、25% 灭幼脲 1800 倍等，或者采用生物性农药 3500 倍的 1.8% 浓度阿维菌素防治。

（8）浮尘子

可采用速灭杀丁、杀灭菊酯类农药的 2000~3000 倍液混合液，或 3% 的啶虫脒乳油 3000 倍 +5.7% 甲维盐乳油 2000 倍液混合喷雾防治。

（9）刺蛾类

化学防治可在幼虫期喷施敌敌畏乳油 1200 倍、50% 辛硫磷乳油和马拉硫磷乳油 1000 倍液，也可用拟除虫菊酯类杀虫剂与前 2 种药剂混用或单独使用也可起到显著的防治效果。人体不慎接触后可用碱性的溶液，如碱面、小苏打、肥皂稀释后涂抹患处，风油精或者泡桐汁涂抹也能起到不错的效果。

（10）椿象类

化学防治的关键期在 1~2 龄若虫期，可用 80% 敌敌畏乳油或 90% 敌百虫晶体 1000 倍液喷雾防治。

（11）金针虫

该类害虫较为隐蔽，农业或生物防治措施较差，一般采用化学防治。常采用土壤处理、药剂拌种、根部灌药、撒施毒土等方法。其中常用的药剂为辛硫磷、甲基异柳磷、敌百虫、速灭杀丁、毒死蜱、氟氯菊酯等。可用 48% 毒死蜱乳油或辛硫磷乳油每亩施用量 200~250g，按照质量比 1:10，均匀喷施在 25~30kg 细土上拌匀成毒土，条施与沟间并进行浅锄；也可用 5% 甲基毒死蜱或辛硫磷颗粒剂每亩施用量 2.5~3kg 进行土壤处理。

（12）白粉病

对于历年发生较重的果园，在落花后立即开始喷药防治，7~10 天喷药 1 次，连喷 2 次，控制病原，减少病梢形成。在叶片初见病斑开始喷药防治，10~15 天 1 次，连喷 2~3 次即可显著抑制病害发生发展。常用药剂有：多菌灵、甲基托布津、乙嘧酚、醚菌酯、腈菌唑、烯唑醇、苯醚甲环唑等，按药剂说明书施用即可。

（13）杏疗病

杏疗病是较为顽固的病害，以褐色的子囊壳在侵染的病梢、病叶、枯枝落叶等越冬，因此加强果园卫生，及时清除病原附着物极为重要。不能彻底清除或历年发生危害的果园，从展叶期开始喷药防治，每10天左右喷药1次，连续喷施1~2次。常用的药剂有：多菌灵、甲基托布津、苯醚甲环唑、代森锰锌和戊唑醇等，按药剂说明书施用即可。

（14）细菌性穿孔病

杏树发芽前，全园喷施一次铲除性药剂，杀死树体所带病菌，减少越冬病原。常用的铲除性药剂有：77%的硫酸铜钙或80%的波尔多液可湿性粉剂200~300倍液及45%的石硫合剂晶体40~50倍液等。一般果园从落花后1个开始喷药，每隔10~15天喷药1次，连喷2~3次，然后在雨季喷药2~3次即可。常用的药剂有：硫酸链霉素、代森锰锌、中生菌素噻菌铜、叶枯唑、硫酸锌石灰液等。

（15）流胶病

侵染性病害在生长季节及时用药，每10~15天喷洒一次600倍50%超微多菌灵可湿性粉剂，或1500倍50%苯菌灵可湿性粉剂。刮除病斑，可选用50%托布津或多菌灵可湿性粉剂100倍液，4%冰醋酸、1%硫酸铜等涂抹。对于非侵染性病害应加强田间管理，增强树势，提高树体抵抗力，并及时防治因病虫危害、机械损伤等造成的伤口。

除了上面介绍的病害之外，还有杏树腐烂病、根腐病、木腐病等毁灭性病害，这类病害多因立地条件差，疏于田间管理，树势较弱引起，其防治措施应以加强田间管理为主。

## 五、仁用杏低产林改造技术

### （一）仁用杏低产林成因分析

目前，我国仁用杏平均单产较低，其主要原因在于存在大量的低产林，尤其是老产区中的低产园，这些低产园不但单产低，而且

连续结实能力差,有的甚至几年才有一次收成。其低产的主要原因是由品种混乱、授粉树配置不当、立地条件较差及田间管理措施不当等引起。

1. 实生苗造林,丰产性、稳产性差

早期发展仁用杏多是出于仁用杏抗旱、抗风沙等显著特性带来的生态效益考虑,没有充分利用仁用杏的结实能力,而广泛采用种子、实生苗造林等,由于种子或种苗的基因型差异较大,结实能力存在显著差异,不但丰产性不高,而且稳产性极差。

2. 品种选择不当或授粉品种配置不合理,丰产性、稳产性差

早期优良仁用杏良种极度匮乏,可供选择的仁用杏良种不足。尤其是苦仁杏的良种选育工作是近几年才开展,可供选择的苦仁杏良种约10个,极大地限制了良种使用率。甜仁杏的良种选育工作虽然开始的较早,但一些良种本身由于遗传特性的差异,坐果率低或生理落果现象严重,或者是果园选择良种的抗逆性不强(如介壳虫、流胶等致命性危害),导致病虫害严重,抗晚霜能力差,幼果受冻严重,造成整体的丰产、稳产能力不足。

另外,由于仁用杏属于典型异化授粉类型,绝大部分自花不实或结实率较低。因此,若杏园没有配置授粉品种、授粉品种比例太低,或其他主栽品种的花粉亲和力不高及配置的授粉品种花粉量少、花粉活力低或花期不遇等因素都会直接影响仁用杏产量。

3. 栽培管理措施不当或管理水平较低

仁用杏童期较长,前期收益较低,一些果农为了提高经济效益,果树间作不当,如间作高秆作物(如玉米等)遮阴造成果树光合不足,或密植作物(如小麦等)对果树生长产生竞争,或只重视间作作物的经济效益,忽略了果树的管理,放任树生长,徒长严重,内膛郁闭,病虫危害发生频繁等,形成不结果不管理、不管理不结果的恶性循环,导致低产低效。

病虫害防治不当也会对树体造成严重危害。有些果农不重视日常病虫害的防治工作,而蔷薇科果树的通病是危害的病虫种类多、

发生次数多、流行爆发传播快等特点，尤其要注意白粉病、蚜虫、金龟子、介壳虫、卷叶蛾、红蜘蛛、桃红颈天牛、小蠹等常见病虫害的发生发展，加强前期预报和防治工作，防治病虫的大面积发生，造成树势衰弱，甚至树体死亡。

**（二）仁用杏低产林改造技术**

1. 高接换种

（1）立地条件

选择生长在阳坡、半阳坡，坡度在 25° 以下，土层在 1.0m 以上，土壤有机含量在 3.0% 以上，土壤质地为壤土、轻壤土，土壤较肥沃，每亩保留株数在 50 株左右，且分布均匀，株行距比较整齐、生长健壮的山杏林。

（2）选择优良品种作为接穗

利用已选育出的仁用杏优良品种作为接穗（彩图 15A），实现良种化，提高良种使用效率。甜仁杏一般可选用'龙王帽''白玉扁''优一''围选 1 号''丰仁''中仁 1 号''辽优扁 1 号''辽白扁 2 号'等已通过林木良种审定认定的仁用杏新品种作为采穗母树。根据近年来的生长表现来看，'优一''围选 1 号''中仁 1 号'等良种的抗晚霜能力较强，可抵御一定程度的晚霜危害，是首推的主栽品种类型；苦仁杏可选择'中仁 2 号''中仁 3 号''中仁 4 号''蒙杏 1 号''蒙杏 2 号''蒙杏 3 号''蒙杏 4 号'等丰产、稳产、抗寒的优良品种最为采穗母株。接穗的采集方法同前所述。

（3）改接时期

改接的适宜时期黄淮流域春接的时期为 3 月上中旬至 4 月上中旬，陕西、辽宁、内蒙古等地在 4 月中旬至 5 月中旬；夏接的时间黄淮流域为 5 月下旬至 6 月中旬。

春季过早改接山杏砧木不离皮，过晚改接因砧木根部贮存的营养大量消耗于地上部分的生长和结实，影响改接成活后幼树的生长发育。夏季嫁接过晚，新梢木质化程度不足，难以越冬成活。

（4）改接方法

改接的地块确定之后，首先要根据山杏砧木的年龄、长势确定

适宜的嫁接部位，幼龄砧木和生长健壮砧木树干的韧皮部厚而新鲜，在距地面60cm左右的主干或主枝上嫁接（彩图15B）。老龄砧木和生长衰弱的砧木韧皮部薄，呈淡褐色，不宜在根茎上嫁接，应在水平根以下的主根上进行嫁接。

一般采用插皮嫁接法进行嫁接，这种嫁接方法操作简单、成活率高，改接后树势旺、经济寿命长，对于幼龄树也可芽接。砧木处理：在离地面60cm处用锯将其上部锯掉，用刀削平锯口，主枝上嫁接在锯去主枝的同时留下一小枝，用于绑缚新枝。在嫁接部位选平直光滑的一面纵切一刀，深达木质部，总切口长3~5cm。剪削接穗：根据砧木粗细，选用适宜的1年生仁用杏接穗，选取生长发育良好的一段接穗，用刀将其下端削成一个上厚下薄的长削面，削掉接穗粗度的一半或多一半，下刀时要先直下，后斜下，长3~5cm，削掉接穗粗度的2/3或1/2，保留部分要求上厚下薄（彩图15C）。然后在大削面的背面的两侧再轻轻的各削一刀，削去皮层和韧皮部，使其露出形成层，中间留一条老皮，在留皮的下端再斜削一刀，再将削面下端削成剑头形，削面上部留2~3个芽。接穗削好后，将接穗插入砧木切口（彩图15D），削面部分外露0.2cm左右，粗砧木可适当多插接穗。用塑料条将结合部位绑紧扎严（彩图15E、F）。

（5）改接后的当年管理

嫁接后要及时清除砧木上的萌蘖，待改接成活后的新枝长出40cm左右时（彩图15G），要及时架杆绑缚，防止风折。嫁接绑条束缚砧穗影响生长时，可用刀将绑扎在嫁接部位的绑缚条割开。改接后及时进行施肥、除草、松土、灌水、排水、防治病虫害等项管理。

2. 配置适宜的授粉树

低产园高接换头必须考虑配置适宜的授粉树。常用的授粉树品种有'白玉扁''辽白扁2号'等，这些良种的花粉量大、花粉活力高、授粉亲和性好、花期持续时间长等特点，适合作为授粉树。授粉树与主栽品种的比例应根据栽植密度而定，一般比例为1:4~5即可。授粉树设置应考虑风向、坡度等因素，保证花粉能兼顾整个果园，使得授粉均匀。

3. 加强肥、水管理和病虫害防治

肥、水管理是仁用杏低产林改造的前提和物质基础，只有充足的肥、水条件才能满足树体生长发育所需的养分，才能加快树势恢复，快速获得经济收益。肥料的施用应采用速效和缓效肥相结合的方法，即有机肥和速效化肥混合施用的策略，加快养分从土壤到树体的传输速度，一般每亩施用有机肥 3~5t，或者株施有机肥 30~50kg＋速效化肥 300~500g，结合深翻土壤、林下垦复等，施用时期应结合雨季趁墒进行。

低产果园必须加强病虫害的防治工作。低产仁用杏园往往是多种病虫长期综合危害、侵染的结果。因此，病虫害防治应持续、有序开展。秋季应清除果园杂草、病虫落果、霉枝、虫卵等；冬季进行刮皮、树体涂白工作；春季及早喷施石硫合剂，进行病虫害预防。及时检查虫情指数，提前做好介壳虫、卷叶蛾、白粉病、蚜虫等病虫害的预防和防治工作。

4. 开展整形修剪工作

低产园长期疏于管理，造成树形紊乱、徒长枝旺盛、内膛郁闭、结果枝大量外移等，因此应适度、有序的开展整形修剪工作，使果树形成良好的树形和持续的结果能力。

低产林整形修剪的原则仍然为通风透光为目的。在加强肥水管理的基础上应进行合理修剪，适当疏除一部分徒长枝、强枝条、大枝条，调整树体结构，打开内膛。对一些基部光秃的骨干枝和大型枝组应进行重回缩，促生新枝。实践证明，对放任低产杏园改造修剪时应掌握轻重，以适度修剪、逐年复壮、因树修剪、随枝造型为原则，既可达到恢复树势的目的，又可迅速增加产量，同时还可避免由过重修剪而造成的病害蔓延和产量的急剧下降。对树体生长过旺，花芽量少而造成低产的杏园，修剪时应对中心干、主侧枝延长枝进行短截，其余枝全部进行缓放拉枝和疏枝处理。

## 第五章

# 仁用杏主要成分

目前，人们对仁用杏潜在的营养价值、经济价值认识不够，缺乏创新性拳头产品，导致杏仁（杏核）原材料的收购价格不高，整个产业链的源头发展活力不足，林农种植积极性不高。在本章中，我们系统分析了仁用杏主要营养成分或生物有效成分的含量、理化性质等，为全面了解仁用杏的独特营养性能，开发具有创新性、功能型的拳头产品奠定基础。杏仁含有蛋白质、不饱和脂肪酸、维生素、矿物质、膳食纤维等多种营养成分，具有化痰、止咳、润肺、清热、养颜、通便等功效。同时，现代医学研究表明，杏仁有降血脂、预防心脏病和动脉粥样硬化的作用。

## 一、杏仁的营养成分

仁用杏营养丰富，是老少皆宜的传统食品。经检测，杏仁中粗脂肪含量 469.2~522.2g/kg，蛋白质含量 278.4~346.2mg/kg，灰分含量 2.54%~2.91%，维生素 E 含量 32.90~51.70mg/100g（表 5-1）。粗脂肪酸中以不饱和脂肪酸含量为主，占 92.09%~95.86%（表 5-1），而油酸含量可达 62.58%~74.67%（表 5-2）；18 种氨基酸的总量为 27.31~32.57g/100g，其中以呈味的谷氨酸为主，含量范围在 6.41~7.96g/100g，其次为天冬氨酸和精氨酸。包含人体必需的 8 种氨基酸，其含量为 72.7~84.1g/kg。

**表 5-1　四种仁用杏杏仁主要营养成分**

| 物种名称 | 粗蛋白<br>（%） | 粗脂肪<br>（%） | 灰分<br>（%） | 总维生素 E<br>（mg/100g） | 不饱和脂肪酸<br>（%） |
|---|---|---|---|---|---|
| 普通杏 | 28.3±0.4 | 46.9±0.9 | 2.9±0.3 | 46.2±0.0 | 92.1±0.1 |
| 大扁杏 | 33.5±0.6 | 52.5±1.7 | 2.7±0.2 | 51.9±0.1 | 95.0±0.0 |
| 西伯利亚杏 | 34.6±0.9 | 50.2±0.8 | 2.5±0.1 | 47.0±0.1 | 95.9±0.1 |
| 紫杏 | 31.5±0.9 | 50.3±0.2 | 2.7±0.0 | 33.1±0.1 | 95.7±0.2 |

**表 5-2　四种仁用杏杏仁 6 种脂肪酸组成含量**　　　　　　　　　%

| 物种名称 | 棕榈酸 | 棕榈油酸 | 硬脂酸 | 油酸 | 亚油酸 | 亚麻酸 |
|---|---|---|---|---|---|---|
| 普通杏 | 6.1±0.0 | 0.7±0.0 | 1.6±0.0 | 64.0±0.1 | 27.2±0.1 | 0.2±0.0 |
| 大扁杏 | 3.7±0.0 | 0.5±0.0 | 0.9±0.0 | 74.5±0.4 | 19.9±0.4 | 0.1±0.0 |
| 西伯利亚杏 | 2.8±0.1 | 0.4±0.0 | 1.0±0.1 | 64.5±1.2 | 30.8±0.4 | 0.1±0.0 |
| 紫杏 | 2.7±0.1 | 0.5±0.1 | 1.4±0.1 | 70.8±0.4 | 24.4±1.3 | 0.0±0.0 |

　　此外，仁用杏油脂的酸值 0.32～0.44mg/g 和过氧化值 0.43～0.49mmol/kg，均远低于国标规定的 3mg/g 与 9.85mmol/kg 的食用油标准。我国杏仁油的质量标准为：黄色透明液体，无异味；25℃比重为 0.910～0.930，折光率 1.470～1.48。每 100g 含硒 0.33mg，维生素 E 为 44.1mg，胡萝卜素 0.44mg，苦杏仁苷 0.1～0.19mg，亚麻酸 1.22mg，亚油酸 19.6%，油酸 73.25%，不饱和脂肪酸 94.79%。杏仁油是公认的优质木本食用油（表 5-3、表 5-4）。

**表 5-3　杏仁与主要油料作物产油量对比**

| 作物种类 | 平均产量（kg） | 含油率（%） | 产油量（kg/100kg） | 比较 |
|---|---|---|---|---|
| 大豆 | 117.6 | 21 | 24.7 | 44 |
| 花生 | 172.8 | 40 | 69.1 | 123 |
| 油菜籽 | 98.6 | 38 | 37.5 | 66.7 |
| 向日葵 | 109.5 | 54 | 59.1 | 105.2 |
| 芝麻 | 61.3 | 52.7 | 32.3 | 57.5 |
| 扁杏仁 | 100 | 56.2 | 56.2 | 100 |

表5-4    杏仁营养成分与其他几种果仁的对比

| 果仁种类 | 蛋白质(g) | 脂肪(g) | 碳水化合物(g) | 钾(mg) | 钙(mg) | 铁(mg) | 锌(mg) | 铜(mg) | 磷(mg) | 硒(mg) | 胡萝卜素 | 核黄素 | 抗坏血酸 | 维生素 | 硫胺素 |
|---|---|---|---|---|---|---|---|---|---|---|---|---|---|---|---|
| 杏仁 | 26.0 | 42.9 | 13.8 | 169 | 49 | 1.2 | 4.06 | 0.67 | 4 | 27.1 | — | 1.82 | 2.61 | 26.0 | 0.02 |
| 核桃仁 | 17.7 | 63.7 | 7.8 | 215 | 26 | 6.6 | 2.52 | 0.98 | 95 | 4.4 | 10 | — | — | 25.1 | 0.10 |
| 花生仁 | 27.1 | 41.3 | 14.9 | 249 | 77 | 2.9 | 1.1 | 0.56 | 5.4 | 5.78 | — | 0.16 | — | 79.1 | 1.89 |
| 葵花仁 | 19.1 | 53.4 | 12.2 | 549 | — | 2.9 | 0.5 | 0.56 | 504 | 5.78 | — | 0.16 | — | 79.1 | 1.89 |
| 松子仁 | 12.6 | 6.2 | 0 | 184 | 3 | 5.9 | 9.02 | 2.68 | 620 | 0.63 | 40 | 0.09 | — | 34.5 | 0.41 |

　　自然界中氨基酸有 20 多种，其中蛋氨酸、亮氨酸、苯丙氨酸、赖氨酸、天冬氨酸、谷氨酸、甘氨酸、酪氨酸、精氨酸等 9 种氨基酸一般在植物中含量少，部分为必需氨基酸，但又是维持机体氮平衡所必需的，故称为药用氨基酸。仁用杏 18 种氨基酸的总量为 27.31~32.57g/100g，其中以谷氨酸为主，含量为 6.41~7.96 g/100g，其次为天冬氨酸和精氨酸。包含人体必需的 8 种氨基酸，其含量为 72.7~84.1g/kg（表 5-1）。仁用杏种仁粗蛋白含量较高且氨基酸组成齐全。粗蛋白含量介于 22~35g/100g 之间，平均含量为 27 g/100g，其中西伯利亚杏含量最高，其次为大扁杏；水解氨基酸中含量最高的是谷氨酸，平均占总氨基酸的 25% 左右，其次为精氨酸，平均占总氨基酸的 10% 左右；第一限制氨基酸为蛋氨酸，平均占总氨基酸含量的 0.5 % 左右。仁用核果类必需氨基酸的含量较高。8 种必需氨基酸含量为 7.2~9.6g/100g，平均含量为 8.2g/100g，必需氨基酸含量最高的是亮氨酸，占总氨基酸的 6.9 % 左右，蛋氨酸含量最低，占总氨基酸的 0.5% 左右。仁用杏必需氨基酸/总氨基酸（EAA/TAA）比值 36% 左右，必需氨基酸/非必需氨基酸（EAA/NEAA）比值 50% 左右，接近 FAO/WHO 参考模式标准 EAA/TAA = 40%，和 EAA/NEAA = 60%。仁用杏氨基酸比值系数分（SRC）是对食物中必需氨基酸含量平衡性综合评价指标，SRC 值为 70 左右。

　　仁用杏种仁富含药用氨基酸，为 22g/100g，药用氨基酸占总氨基酸比例 70% 左右，可视为药用价值较高的植物蛋白。仁用杏味觉氨基酸含量从高到低顺序为：鲜味氨基酸、甜味氨基酸和芳香族氨基酸。鲜味氨基酸含量达 10g/100g，鲜味氨基酸占总氨基酸比例为 35%，甜味氨基酸含量 6g/100g，芳香类氨基酸含量 2.7g/100g，芳香类氨基酸比例 8.6%。仁用杏种仁分离蛋白保水性 2.98g/g，吸油性 2.7g/g，蛋白起泡性 52%，起泡稳定 65%；分离蛋白在 pH=8 时溶解度 80%；分离蛋白乳化性 43%，乳化稳定性最强的是大扁杏。

### （一）仁用杏杏仁脂肪酸

脂肪酸（油脂）既是人们日常生活的必需品，又是食品药品、纺织皮革、化学化工等多个工业行业的重要原料。据统计世界植物油脂产量占世界油脂总产量的 70% 左右，其中食用油占到了 4/5 左右的比重。中国以占世界 7% 的耕地养活了世界上 21% 的人口，耕地为严重刚性缺乏，一度逼停在安全红线附近，粮油安全和能源安全问题日益突出，加快木本油料产业发展是提高食用植物油生产能力、维护国家粮油安全的有力保障。此外，WHO 与 FAO 就食用油脂中三种脂肪酸的成分提出了饱和脂肪酸:单不饱和脂肪酸:多不饱和脂肪酸 =1:1:1 作为最适的推荐值，根据资料显示，我国居民的饱和脂肪酸摄入量随着动物油、肉类等摄入量的增加，已严重超标或摄入比例极为不合理。因此，开发优质的木本食用油对弥补我国粮油供给不足和提高居民膳食营养平衡具有重要意义。

仁用杏主要分布于三北地区的荒山荒地、沙区等困难条件，这种天然的胁迫作用促使其种仁富含优质的脂肪酸成分，大力发展仁用杏产业对于保证我国油料安全战略具有重要作用。

对普通杏、西伯利亚杏、大扁杏、紫杏及野扁桃、蒙古扁桃、长柄扁桃、山桃、甘肃桃、西藏光核桃、榆叶梅等共 11 种仁用核果类种仁的脂肪酸进行了评价，包括种仁油脂含量、脂肪酸组成、油脂理化性质等，为仁用杏的科学的开发利用及产业链条形成提供重要的理论依据和实践指导。通过研究发现，这 11 种核果类的粗脂肪含量存在显著差异。种仁粗脂肪含量变幅为 42.3%~54.8%，均值为 49.2%，其中蒙古扁桃粗脂肪含量在 54.8%、大扁杏 52.3%、紫杏

50.3%、山桃50.2%、西伯利亚杏50.2%、长柄扁桃50.0%、野扁桃49.5%、榆叶梅48.6%、普通杏46.9%、光核桃46.4%、甘肃桃42.3%。在杏属植物中，大扁杏含量最高，其次是紫杏、西伯利亚杏，普通杏果仁通常干瘪，不饱满其粗脂肪含量也是最低的。

这11种仁用核果类种仁油中的不饱和脂肪酸含量均较丰富。共发现了10种脂肪酸成分，其中主要脂肪酸为棕榈酸、棕榈油酸、硬脂酸、油酸、亚油酸、亚麻酸等6种，以不饱和脂肪酸为主。不饱和脂肪酸中油酸含量最高，变幅51.0%~79.5%，均值为69.1%。油酸含量分别为野扁桃79.8%、榆叶梅75.9%、大扁杏75.1%、长柄扁桃73.0%、紫杏71.3%、蒙古扁桃69.8%、山桃69.3%、甘肃桃68.2%、西伯利亚杏65.0%、普通杏64.7%、光核桃51.0%；亚油酸含量变幅为16.2%~42.2%，均值为25.9%，亚油酸含量分别为中光核桃42.2%、西伯利亚杏30.8%、蒙古扁桃27.3%、普通杏27.2%、山桃25.2%、甘肃桃25.2%、长柄扁桃25.1%、紫杏24.4%、榆叶梅21.6%、大扁杏19.9%、野扁桃16.2%。

这11种仁用核果类种仁油的理化性质较相似。种仁油的碘值范围是92.5~110.7g/100g，皂化值的范围是172.6~188.7mg/g，十六烷值范围是50.4~55.5，酸值范围是0.2~0.5mg/g，过氧化值范围是0.3~0.5mmol/kg，折光指数范围是1.4638~1.4682，氧化稳定性范围是9.9~21.0h(表5-5)。

表5-5　仁用核果类种仁油主要理化性质

| 物种 | 碘值<br>（g/100g） | 皂化值<br>（mg/g） | 十六烷值 | 过氧化值<br>（mmol/kg） | 酸值<br>（mg/g） | 折光指数 | 氧化稳定<br>性（h） |
|---|---|---|---|---|---|---|---|
| 普通杏 | 100.05 | 183.6 | 53.52 | 0.43 | 0.38 | 1.4652 | 16.35 |
| 大扁杏 | 96.61 | 185.48 | 53.99 | 0.46 | 0.39 | 1.4668 | 18.29 |
| 西伯利亚杏 | 104.71 | 187.76 | 51.81 | 0.49 | 0.44 | 1.4682 | 15.05 |
| 紫杏 | 98.41 | 188.71 | 53.08 | 0.45 | 0.32 | 1.4677 | 13.77 |
| 野扁桃 | 92.53 | 181.82 | 55.5 | 0.47 | 0.53 | 1.4638 | 20.79 |
| 蒙古扁桃 | 102.91 | 181.86 | 53.16 | 0.31 | 0.37 | 1.4678 | 16.36 |
| 长柄扁桃 | 102.53 | 180.9 | 53.4 | 0.39 | 0.43 | 1.4647 | 15.75 |

（续）

| 物种 | 碘值<br>（g/100g） | 皂化值<br>（mg/g） | 十六烷值 | 过氧化值<br>（mmol/kg） | 酸值<br>（mg/g） | 折光指数 | 氧化稳定<br>性（h） |
|---|---|---|---|---|---|---|---|
| 山桃 | 101.51 | 188.61 | 52.4 | 0.38 | 0.32 | 1.4648 | 15.06 |
| 甘肃桃 | 105.47 | 182.54 | 52.47 | 0.41 | 0.36 | 1.4653 | 11.05 |
| 西藏光核桃 | 110.69 | 188.36 | 50.37 | 0.48 | 0.22 | 1.4666 | 9.87 |
| 榆叶梅 | 100.03 | 172.63 | 55.41 | 0.37 | 0.49 | 1.4645 | 16.5 |

这 11 种核果类种仁油的维生素 E 的含量较高。总维生素 E 含量分别为榆叶梅 55.1mg/100g、大扁杏 51.7mg/100g、光核桃 50.0mg/100g、野扁桃 47.5mg/100g、西伯利亚杏 46.72mg/100g、普通杏 46.09mg/100g、山桃 42.69mg/100g、长柄扁桃 42.5mg/100g、蒙古扁桃 41.1mg/100g、甘肃桃 36.7mg/100g、紫杏 32.9mg/100g（表 5-6）。11 种核果类种仁油中 3 种维生素 E 的含量（β + γ)-维生素 E ＞ α-维生素 E ＞ δ-维生素 E。α-维生素 E 含量范围是 2.0～26.6mg/100g，差异性显著，α-维生素 E 含量分别为野扁桃 26.6mg/100g、光核桃 18.5mg/100g、大扁杏 9.7mg/100g、榆叶梅 8.7mg/100g、蒙古扁桃 7.7mg/100g、普通桃 7.2mg/100g、长柄扁桃 6.8mg/100g、山桃 6.4mg/100g、西伯利亚杏 6.0mg/100g、紫杏 4.5mg/100g、甘肃桃 2.0mg/100g（表 5-6）。总维生素 E 与氧化稳定性之间呈显著正相关关系，α-维生素 E 与氧化稳定性呈极显著正相关。维生素 E 的含量不仅提高种仁油的营养价值，而且可延长其货架期。维生素 E 可避免血浆中脂质过氧化物升高，并与硒有协同作用，从而可以加快人体新陈代谢，延缓衰老，提高人体免疫力。

表 5-6  种仁油维生素 E 与氧化稳定性的相关性

| 相关性 | α-维生素 E | （β + γ)-维生素 E | Δ-维生素 E | 总维生素 E | 氧化稳定性 |
|---|---|---|---|---|---|
| α-维生素 E | 1 | * | — | — | * * |
| （β + γ)-维生素 E | − 0.695 | 1 | — | — | — |
| Δ-维生素 E | 0.666 | − 0.329 | 1 | — | — |
| 总维生素 E | 0.5 | 0.271 | 0.556 | 1 | * |
| 氧化稳定性 | 0.869 | − 0.352 | 0.656 | 0.739 | 1 |

注：* 在 0.05 水平上显著相关，* * 在 0.01 水平上显著相关。

综上所述，包括仁用杏在内的 11 种仁用核果类种仁的含油率和不饱和脂肪酸含量均较高，尤其是单不饱和脂肪酸比现有的多种木本植物均高（图 5-1），且油的理化性质符合于开发高档食用油、生物柴油、高档化妆品及润滑油等（部分开发产品详见第六章第五部分），具有良好开发前景。

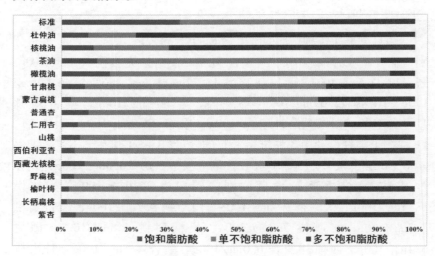

图 5-1 常见木本树种种仁中脂肪酸含量比较

## （二）仁用杏杏仁中的蛋白质

蛋白质是人体生命活动的三大物质基石，对人体的生长发育和新陈代谢至关重要。成人一般每天需要摄入 55g 蛋白质才以维持机体的正常生理活动，而随着生活水平的提高，人们的蛋白摄入量多以动物蛋白为主，在获得充足蛋白质的同时，也增加了胆固醇、饱和脂肪酸等对健康不利成分的摄入量，这是导致肥胖、高血脂、心脑血管等"富贵病"发生概率的影响因子。因此，低脂肪、无胆固醇的植物蛋白是当前人们关注的焦点，甚至在世界范围内出现了相当大数量的素食群体，而这些群体补充蛋白质的唯一途径就是从富含蛋白质的植物中来获取。

我们对蔷薇科包括普通杏、西伯利亚杏、大扁杏、紫杏等仁用杏及野扁桃、蒙古扁桃、长柄扁桃、山桃、(普通)扁桃、甘肃桃、(西藏)光核桃、普通桃、榆叶梅在内的 13 种仁用核果类树种种仁的蛋白质含量、氨基酸组成进行了详细的测定(表 5-7、图 5-2),并对其营养价值进行了系统评价,较为全面的揭示了仁用杏中的蛋白质组成、功能特性等,为其开发利用奠定了基础。对杏仁蛋白质的分析结果表明,杏仁蛋白含有 18 种氨基酸,包括 8 种必需氨基酸。杏仁蛋白的等电点大约在 4.5,杏仁蛋白的变性温度为 83℃。杏仁蛋白包括清蛋白 77.16%、球蛋白 2.73%、醇溶蛋白 0.64%、谷蛋白 19.45%。杏仁蛋白的吸水和吸油能力均优于大豆分离蛋白。

表 5-7　仁用杏 4 个种间种仁氨基酸组成成分及含量　　　　g/100g

| 氨基酸成分 | 普通杏 | 西伯利亚杏 | 大扁杏 | 紫杏 |
|---|---|---|---|---|
| 天冬氨酸 Asp | 2.8 ±0.1 | 3.3 ±0.1 | 3.4 ±0.2 | 3.5 ±0.1 |
| 苏氨酸* Thr | 0.8 ±0.1 | 0.9 ±0.1 | 0.9 ±0.1 | 0.9 ±0.1 |
| 丝氨酸 Ser | 1.3 ±0.1 | 1.5 ±0.1 | 1.5 ±0.1 | 1.5 ±0.1 |
| 谷氨酸 Glu | 6.4 ±0.2 | 7.6 ±0.3 | 7.7 ±0.3 | 8.0 ±0.3 |
| 甘氨酸 Gly | 1.5 ±0.2 | 1.7 ±0.1 | 1.8 ±0.1 | 1.8 ±0.2 |
| 丙氨酸 Ala | 1.3 ±0.1 | 1.5 ±0.1 | 1.6 ±0.1 | 1.5 ±0.1 |
| 胱氨酸 Cys | 0.7 ±0.1 | 0.8 ±0.1 | 0.8 ±0.1 | 0.8 ±0.2 |
| 缬氨酸* Val | 1.1 ±0.1 | 1.2 ±0.1 | 1.3 ±0.2 | 1.3 ±0.1 |
| 蛋氨酸* Met | 0.1 ±0.1 | 0.1 ±0.1 | 0.1 ±0.1 | 0.1 ±0.1 |
| 异亮氨酸* Ile | 0.9 ±0.1 | 1.0 ±0.1 | 1.0 ±0.2 | 1.0 ±0.1 |
| 亮氨酸* Leu | 1.9 ±0.1 | 2.1 ±0.1 | 2.2 ±0.2 | 2.2 ±0.1 |
| 酪氨酸 Tyr | 0.8 ±0.1 | 0.9 ±0.1 | 1.0 ±0.1 | 1.0 ±0.1 |
| 苯丙氨酸* Phe | 1.5 ±0.1 | 1.7 ±0.1 | 1.7 ±0.1 | 1.7 ±0.1 |
| 组氨酸 His | 0.7 ±0.1 | 0.9 ±0.1 | 0.8 ±0.1 | 0.8 ±0.1 |
| 赖氨酸* Lys | 0.8 ±0.1 | 0.9 ±0.1 | 0.9 ±0.1 | 0.9 ±0.1 |
| 精氨酸 Arg | 2.7 ±0.2 | 3.0 ±0.1 | 3.2 ±0.1 | 3.3 ±0.1 |
| 脯氨酸 Pro | 1.7 ±0.1 | 1.5 ±0.1 | 2.1 ±0.3 | 2.1 ±0.1 |
| 色氨酸* Trp | 0.3 ±0.1 | 0.3 ±0.1 | 0.3 ±0.1 | 0.3 ±0.1 |

（续）

| 氨基酸成分 | 普通杏 | 西伯利亚杏 | 大扁杏 | 紫杏 |
|---|---|---|---|---|
| 总氨基酸 TAA | 27.3 ± 1.2 | 30.6 ± 1.4 | 32.3 ± 1.5 | 32.6 ± 1.5 |
| 必需氨基酸 EAA | 7.3 ± 0.5 | 8.0 ± 0.5 | 8.4 ± 0.4 | 8.3 ± 0.6 |
| EAA/TAA | 26.6 ± 1.1 | 26.2 ± 1.3 | 26.3 ± 1.2 | 25.3 ± 1.0 |
| EAA/NEAA | 36.2 ± 1.5 | 35.5 ± 1.7 | 35.2 ± 1.4 | 33.9 ± 1.4 |

注：* 为人体必需氨基酸；TAA 为总氨基酸；EAA 为必需氨基酸；NEAA 为非必需氨基酸。下同。

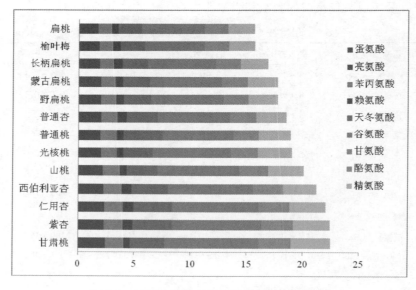

**图 5-2　13 种仁用杏核果树种氨基酸含量比较**

仁用核果类种仁粗蛋白含量较高且氨基酸组成齐全。这 13 种仁用核果类植物种仁 18 种水解氨基酸含量齐全，但不同种之间的含量存在显著差异。总氨基酸含量介于 22.6 ~ 32.6g/100g 之间，平均含量为 27.7g/100g（最高达到 35%）。杏属植物中西伯利亚杏含量最高，其次为大扁杏，而桃属的扁桃和榆叶梅含量最低。桃属 9 个种种仁样品中 18 种氨基酸含量排在前 4 位的分别为谷氨酸、精氨酸、天冬氨酸和亮氨酸，而 4 种杏属植物氨基酸含量前 4 位分别是谷氨酸、天冬氨酸、精氨酸和亮氨酸。桃属和杏属植物的天冬氨酸和精氨酸排列顺序相反，但两者含量差距较小。谷氨酸含量最高，平均占总氨基酸的 24.5 %，精氨酸和天冬氨酸分别占 10.2% 和 9.9 %（表 5-7）。

这 13 种仁用核果类植物必需氨基酸的含量较高（表 5-7）。其中 8 种必需氨基酸含量介于 7.2 ~ 9.6g/100g，平均含量为 8.2g/100g，甘肃桃含量最高，其次为山桃，而扁桃含量最低，必需氨基酸含量最高的是亮氨酸，占总氨基酸的 7.0% 左右，蛋氨酸含量最低，占总氨基酸的 0.5%。仁用核果类必需氨基酸/总氨基酸（EAA/TAA）比值范围为 25.3%~36.5%，平均比值为 31.6%，必需氨基酸/非必需氨基酸（EAA/NEAA）比值范围为 33.9 ~ 50.3%，平均比值为 42.8%，接近 FAO/WHO 标准（EAA/TAA = 40%，和 EAA/NEAA = 60%）（表 5-7）。仁用核果类氨基酸比值系数分（SRC）是对食物中必需氨基酸含量平衡性综合评价指标，SRC 介于 62.6 ~ 75.0，平均值为 70.2，普通杏最高，仁用杏次之，甘肃桃最低。

这 13 种仁用核果类植物中药用氨基酸含量最高的是甘肃桃（22.5g/100g），其次为紫杏（22.4g/100g），含量最低的是扁桃（15.7g/100g）和榆叶梅（15.7g/100g），药用氨基酸占总氨基酸比例最高的是普通桃（70.6%）其次分别为甘肃桃（70.5%）、光核桃（69.7%）和西伯利亚杏（69.4%），比例最低的是长柄扁桃（68.0%）和野扁桃（67.6%），药用氨基酸占总氨基酸平均含量为 69.0%。

这 13 种仁用核果类植物中味觉氨基酸含量从高到低依次为：鲜味氨基酸、甜味氨基酸和芳香族氨基酸（表 5-8）。鲜味氨基酸含量最高的是紫杏，达 11.5g/100g，榆叶梅含量最低，为 7.5g/100g，鲜味氨基酸平均含量为 9.5g/100g。鲜味氨基酸占总氨基酸比例介于 33.2%~36.3%，平均为 34.5%；甜味氨基酸含量介于 4.6 ~ 6.9/100g，平均含量为 5.8g/100g，含量最高为仁用杏，甜味氨基酸比例介于 19.7%~21.6%，平均为 20.9%；芳香类氨基酸含量介于 1.9 ~

2.7g/100g，平均含量为2.3g/100g，仁用杏含量最高，芳香类氨基酸比例介于8.0~8.6%，平均比例为8.3%，比例最高的是榆叶梅，最低为普通桃。此外，普通杏、西伯利亚杏、大扁杏和紫杏必需氨基酸含量也较高（表5-9）。

**表5-8　仁用杏4个种间种仁味觉氨基酸的含量以及总氨基酸中组成比例**

| 氨基酸 | 鲜味氨基酸（g/100g） | 甜味氨基酸（g/100g） | 芳香族氨基酸（g/100g） | 鲜味氨基酸比例（%） | 甜味氨基酸比例（%） | 芳香类氨基酸比例（%） |
|---|---|---|---|---|---|---|
| 普通杏 | 9.2±0.2 | 5.9±0.1 | 2.3±0.1 | 33.7±0.6 | 21.5±0.9 | 8.4±0.5 |
| 西伯利亚杏 | 10.9±0.3 | 6.1±0.1 | 2.6±0.1 | 35.5±0.6 | 19.9±0.9 | 8.5±0.6 |
| 大扁杏 | 11.1±0.3 | 6.9±0.1 | 2.7±0.1 | 34.4±0.8 | 21.5±0.7 | 8.3±0.6 |
| 紫杏 | 11.5±0.3 | 6.9±0.1 | 2.7±0.1 | 35.2±0.4 | 21.2±0.6 | 8.2±0.7 |

注：鲜味类氨基酸包括：谷氨酸和天冬氨酸；甜味类氨基酸包括：丙氨酸、甘氨酸、丝氨酸和脯氨酸；芳香类氨基酸包括：酪氨酸和苯丙氨酸。

**表5-9　仁用杏4个种间种仁及其他食物必需氨基酸组成比较**

| 种类 | 苏氨酸 | 缬氨酸 | 蛋氨酸+胱氨酸 | 异亮氨酸 | 亮氨酸 | 苯丙氨酸+酪氨酸 | 赖氨酸 | 色氨酸 |
|---|---|---|---|---|---|---|---|---|
| WHO/FAO 标准模式 | 4.0 | 5.0 | 3.5 | 4.0 | 7.0 | 6.0 | 5.5 | 1.0 |
| 婴儿[a] | 4.4 | 4.7 | 2.9 | 3.5 | 8.0 | 6.3 | 5.2 | 0.9 |
| 儿童（10~12岁）[a] | 4.4 | 4.1 | 3.4 | 3.7 | 5.6 | 3.4 | 7.5 | 0.5 |
| 成人[a] | 1.3 | 1.8 | 2.4 | 1.8 | 2.5 | 2.5 | 2.2 | 0.7 |
| 牛奶[b] | 4.4 | 6.4 | 3.3 | 4.7 | 9.5 | 10.2 | 7.8 | 1.4 |
| 鸡蛋[b] | 4.7 | 6.6 | 5.7 | 5.4 | 8.6 | 9.3 | 7.0 | 1.7 |
| 花生 | 2.5 | 3.9 | 2.0 | 3.3 | 6.6 | 9.3 | 3.9 | 1.0 |
| 大豆 | 3.8 | 4.8 | 1.8 | 4.5 | 7.8 | 9.1 | 4.9 | 1.0 |
| 小麦 | 3.4 | 4.3 | 2.4 | 3.4 | 6.9 | 6.9 | 2.6 | 1.1 |
| 普通杏 | 3.0 | 4.0 | 2.9 | 3.3 | 7.0 | 8.4 | 2.9 | 1.0 |
| 西伯利亚杏 | 2.8 | 3.8 | 2.9 | 3.1 | 7.0 | 8.5 | 2.8 | 1.0 |
| 仁用杏 | 2.9 | 3.9 | 2.7 | 3.1 | 6.9 | 8.3 | 2.8 | 1.0 |
| 紫杏 | 2.8 | 3.8 | 2.7 | 3.0 | 6.7 | 8.2 | 2.7 | 0.9 |

注：[a]1973年 FAO/WHO 提出不同年龄段人群对摄入蛋白必需氨基酸含量需求参考值。
[b]1973年 FAO/WHO 提出牛奶、鸡蛋蛋白中必需氨基酸含量参考值。

这 13 种仁用核果类植物仁用核果类植物种仁蛋白质中的分离蛋白保水性变幅为 1.5~3.0g/g，平均吸水能力为 2.1g/g，西伯利亚杏吸水性最强（3.0g/g），适宜食品贮藏添加剂，紫杏最弱（1.5g/g）（表 5-10）；分离蛋白吸油性变幅为 1.7~2.7g/g，平均值为 2.0g/g，西伯利亚杏仁最强，仁用杏最弱；分离蛋白起泡性介于 30.5%~52.5%，西伯利亚杏最优，起泡稳定性介于 43.6%~65.3%，蒙古扁桃起泡稳定性最好适合搅打奶油、蛋糕、蛋白甜饼、面包、蛋奶酥、冰激凌、啤酒、奶油冻等食品使用；分离蛋白（pH = 8）溶解度介于 59.7%~80.3%，长柄扁桃溶解度最大，普通杏溶解度最低；分离蛋白乳化性介于 30.6%~43.0%，乳化性最强的是仁用杏，最差的是普通桃，乳化稳定性最强的是仁用杏，普通桃乳化稳定性最低。

表 5-10　13 个仁用核果类植物种仁分离蛋白功能特性

| 种名 | 保水性（g/g） | 吸油性（g/g） | 起泡性（%） | 起泡稳定性（%） |
|---|---|---|---|---|
| 甘肃桃 | 1.77 ± 0.08 | 2.12 ± 0.13 | 42.36 ± 0.54 | 65.34 ± 1.65 |
| 山桃 | 1.72 ± 0.09 | 2.10 ± 0.14 | 41.69 ± 0.46 | 64.59 ± 2.04 |
| 西藏光核桃 | 1.79 ± 0.12 | 2.01 ± 0.09 | 40.25 ± 0.26 | 62.54 ± 2.89 |
| 普通桃 | 1.62 ± 0.08 | 1.94 ± 0.08 | 37.45 ± 0.37 | 55.21 ± 1.46 |
| 野扁桃 | 1.58 ± 0.03 | 1.91 ± 0.09 | 33.50 ± 0.29 | 52.00 ± 1.56 |
| 蒙古扁桃 | 1.54 ± 0.04 | 1.95 ± 0.06 | 30.50 ± 0.33 | 66.67 ± 2.39 |
| 长柄扁桃 | 1.63 ± 0.05 | 2.02 ± 0.06 | 39.00 ± 0.59 | 61.00 ± 1.89 |
| 普通扁桃 | 1.70 ± 0.07 | 1.97 ± 0.07 | 36.25 ± 0.41 | 56.54 ± 2.47 |
| 榆叶梅 | 1.76 ± 0.07 | 1.92 ± 0.05 | 34.50 ± 0.24 | 60.00 ± 2.06 |
| 普通杏 | 1.76 ± 0.06 | 1.66 ± 0.32 | 36.50 ± 1.32 | 50.32 ± 1.98 |
| 西伯利亚杏 | 2.98 ± 0.08 | 2.74 ± 0.45 | 52.50 ± 1.42 | 64.46 ± 1.69 |
| 大扁杏 | 2.63 ± 0.15 | 1.75 ± 0.36 | 42.50 ± 1.34 | 45.86 ± 1.67 |
| 紫杏 | 1.53 ± 0.23 | 1.85 ± 0.41 | 32.00 ± 1.86 | 43.57 ± 1.62 |

综上所述，西伯利亚杏仁蛋白为最优植物蛋白，可利用西伯利亚杏仁开发丰富的植物蛋白产品，如杏仁豆腐、杏仁露、杏仁果冻、杏仁冰淇淋、杏仁蛋白挂面等。苦杏仁具有独特的香味，通过与一定比例的动物蛋白，如牛奶的融合搭配，并添加富含一定 B 组维生

素的物质，如酵母提取物，可使营养更丰富更全面，口感细腻纯正、绿色健康，使得杏仁的营养价值能够进入到人们日常饮食范围（部分开发产品详见第六章）。

### （三）仁用杏杏仁中的矿质元素

杏仁含有丰富矿物质，杏仁中含有钾、钙、钠、镁、铁、锌、锰、铜 8 种矿物质元素，据分析：每 100g 杏仁中含脂肪 51～55.5g、蛋白质 24g、糖 9～13.8g、钾 169mg、钙 49～111mg、铁 1.2～7mg、锌 4.06mg、铜 4mg、硒 0.33mg、维生素 E 26.0mg、钠 0.94mg 等。钾可以调节细胞内液的渗透压、调节 pH 值、维持神经、肌肉的兴奋性，钾含量不足时，会引起肌肉无力，高钾饮食有一定的降血压作用；在人体的中间代谢中镁至少参与 300 种酶的反应过程，对人体极为重要；钙在维护机体健康、保证机体正常生长发育方面均有重要意义，并具调节心律、降低心血管通透性的作用。此外，杏仁中还含有钠、锌、铁、锰、铜 等对人体具有保健作用的矿物质元素，对保持人体健康有积极作用。

### （四）仁用杏其他营养成分

杏仁中所含微量元素硒较丰富，每 100g 杏仁中含硒 15.65μg（表 5-11）。在人体中能提高各器官新陈代谢的能力和活性，提高对 40 余种疾病的抵抗能力，分解进入人体内的毒素，排除体内垃圾。硒能提高人体各器官的新陈代谢能力和活性，提高肌体免疫力，分解人体内的致癌物质，阻断癌细胞的营养来源，还有很强的护肝作用。

表 5-11　甜杏仁中含有的硒元素与几种食物及仁果类硒含量对比

μg/100g

| 果仁种类 | 甜杏仁 | 核桃仁 | 花生仁 | 葵花籽 | 松子仁 |
|---|---|---|---|---|---|
| 含量 | 27.60 | 4.40 | 4.10 | 5.78 | 0.63 |

维生素 B2 又称核黄素，可预防动脉硬化，增进记忆，并能将日常食物中的添加物分解成无害物质。维生素 C 又名抗坏血酸，具有清除有害自由基、保护遗传物质等多种作用，外部应用维生素 C 还可缓解皮肤衰老。研究表明，甜杏仁中的核黄素和维生素 C 含量较

高（表5-12），其中每100g杏仁中核黄素含量达1.82mg，抗坏血酸2.61mg/100g，维生素E达到26.00mg/100g（表5-12），维生素B的含量也有21.82mg/100g。甜杏仁富含丰富的维生素，对人们补充氨基酸大有益处。

表5-12　甜杏仁与其他果仁含维生素量的比较　　mg/100g

| 果仁种类 | 甜杏仁 | 核桃仁 | 花生仁 | 葵花籽 | 松子仁 |
|---|---|---|---|---|---|
| 核黄素（$V_{B2}$） | 1.82 | 0.11 | 0.28 | 0.16 | 0.09 |
| 抗坏血酸（Vc） | 2.61 | — | 2.00 | — | — |
| 维生素E（$V_E$） | 26.00 | 25.10 | 21.90 | 79.10 | 34.50 |

杏仁油是一种混合甘油酯，由油酸、亚油酸、软脂酸、十六碳烯酸和亚麻酸等5种高级脂肪酸组成，其中90%左右为不饱和脂肪酸，凝固点为−20℃（一般植物油为3~18.5℃）是其他植物油无法相比的，故甜杏仁油是世界上著名的保健油。甜杏仁油由于富含维生素E，极适用于护肤，保持皮肤清洁和抵御感染。而且它们具有天然润湿性，能迅速被皮肤吸收。此外，它们可通过氢化作用使其具备任意硬度。

中国预防医学科学院研究指出，中国人每日需要提取硒的最少为50μg，最多为500μg。杏仁中硒的含量远远高于核桃仁、花生仁、葵花仁和松子仁，为各仁果之冠。硒有助于延长寿命，可防癌抑癌、护肝、提高各器官新陈代谢的能力和活性及免疫力。"缺硒损伤心肌，补硒保护心脏"已得到世界科学界的一致公认。

苦杏仁苷亦称维生素B17，经人体内降解生成苯甲醛，转化成安息香酸和氰化物，能抑制或杀死癌细胞，缓解癌痛。

食用杏仁油，在人体中不仅不产生脂肪积累，而且能软化心血管，治疗心血管疾病。故杏仁油是世界著名高级保健油，售价比橄榄油还高2倍，比豆油高14倍。

## 二、杏肉的营养成分

杏肉中除去水分，含有8%~22%的干物质，其中碳水化合物占

干物质的60%~77%。糖类物质占果实的5.5%~17.7%，其中自由酸主要是苹果酸和柠檬酸，还有奎宁酸、琥珀酸、酒石酸和叶绿酸等。含氮类物质占0.60%~0.86%，其中氨基酸类主要有天门冬酸、谷氨酸、丙氨酸、苏氨酸、撷氨酸、丝氨酸、苯丙氨酸、酪氨酸和胱氨酸等共16种。矿物质类占0.37%~0.83%，主要有钾、钠、钙、镁、铁和磷等的盐类。此外还含有少量的纤维素和果胶、单宁等物质。据中国医学科学院卫生研究所分析：每100g杏的果肉中含糖10g、蛋白质0.9g、钙26mg、磷24mg、铁0.8mg、β-胡萝卜素1.79mg、硫胺素（AB$_1$）0.02mg、核酸素（AB$_2$）0.03mg、尼克酸（V$_{pp}$）0.6mg、抗环血酸（Vc）7mg等。

杏是β-胡萝卜素的最佳来源之一，天然的类胡萝卜素是杏果实主要的功能性成分，对人体具有抗氧化活性和抗癌的功能，可防治眼疾、增强人体免疫力、防治心血管疾病。从国内外研究结果分析，与其他食物相比，杏果肉含有丰富的β-胡萝卜素，能提供人体较多的维生素A源（β-胡萝卜素）和B1、B2、B6及E等维生素。但不同杏品种果肉中各种维生素含量尚缺乏研究。我国卫生部门测定杏中β-胡萝卜素含量为1.79mg/100g，前苏联科学院分析杏β-胡萝卜素为1.58~3.80mg/100g，中间值为2.69mg/100g。江苏农科院园艺所蔺定运分析结果为3.3~4.0mg/100g，中间值3.65mg/100g。β-胡萝卜素含量因品种和产地而异，一般黄色品种比白色品种含量高，干旱地区比多雨地区高。

# 第六章

# 仁用杏采收、加工技术

## 一、仁用杏采收时期和方法

仁用杏成熟期一般在6月上旬(黄淮地区)至7月中旬(河北张家口、内蒙古、辽宁等地)，杏果的成熟期集中，此时恰逢雨季，如不及时采收，杏果自动脱落，高温高湿促进果园和果实内部微生物活跃旺盛，造成杏肉腐烂，杏核发霉，杏仁变质。因此，合理的采收时间既可以保证获得最高的杏仁产量，减少损失，又可以保证杏仁以外的剩余物的加工利用，提高商品附加值。实际生产中，在仁用杏果实达到生理成熟时进行采收，在此期间，种仁已经充分成熟，出仁率高，核仁饱满。此时采收，通过杏果的后熟作用可有效提高采收效率。

仁用杏适宜采收的特征为：果面变黄或果肉变软，种核坚硬呈褐色或黄色，种仁饱满，味道香甜，此时达到完全成熟期，此时应集中力量抓紧采收。由于仁用杏树体杏果着生位置不同，其果实成熟期不一致，因此应合理安排采收时期。通常情况下，采收顺序应先采山坡，后采山顶；先采阳坡，后采阴坡。做到熟一片，采一片，不熟不采。果实采收后直接运往加工厂或加工地点进行脱肉处理。

## 二、仁用杏采后处理和分级

采收的杏果若集中堆放，容易因呼吸作用发热变质，因此应及时脱肉去皮，获取种核。使用机械脱肉，添加的杏果要均匀一致，剔除杏果中夹杂的杂草、枯枝、石砾等杂物，避免损坏机器。

经过脱肉的杏核，还含有大量的水分，要及时摊放在晾晒场或阳光充足的地方进行晾晒，晾晒时经常翻动，晒至含水率低于10.0%时，方可进行储藏加工。含水率的测定方法可按照下列方法进行。

1. 烘干称重检验法

将杏核样品称重后放入烘干箱中，在40℃温度条件下烘24h取出后称重，用下列公式计算初杏仁含水率：

$$杏核含水率（\%）= \frac{烘干前样品重量 - 烘干后样品重量}{烘干前样品重量} \times 100$$

2. 感官测定法

用手抓一把杏核样品摇动，杏核发出清脆响亮的声音表明含水适宜贮藏。通常在晴朗的天气连续晾晒7~10天可达到贮藏条件。

杏核晒干后，即可去核取仁。去核方法有手工去核和机器去核两种方法。手工去核适合栽培面积较小的农户自用，一般是用绳套或砖上凿成小穴，将杏核放在里面，用小铁锤或硬木板砸击。目前大部分地区去除核壳采用专用破壳机处理，其处理效率是人工的几十倍。在机器去核前，先要将杏核过筛，分成大、中、小三级，调整好间压碾隙，分别加工，以提高效率和减少碎粒。去核后，仁、壳混合在一起，可用簸箕煽或风选机进行去除杂质，采用人工或者机器进行进一步去挑仁，去除损伤粒、发霉粒、不熟粒等。加工后的仁用杏杏仁要符合国家仁用杏杏仁质量等级标准（GB/T 20452 – 2006），总体来讲应满足以下质量指标：

①品种纯正、粒身饱满、均匀整齐，仁皮正常，黄褐色，有光泽。

②每千克粒数不超过1400粒。

③杏仁洁白，无霉斑，无污染和异味。

④自然含水率不超过7%，破碎粒不超过5%，不熟粒在2%以下，无杂质，无异种粒、虫蚀虫蛀粒。完整粒达93%以上。

### 三、仁用杏包装、运输和贮藏

按品种用塑料编织袋包装，每袋净重 40.0~50.0kg。必须保持清洁卫生，严格防止沾染毒物和异味。

包装后要附上标签、注明品种、重量、产地、日期。运输的车厢要清扫干净。装过污秽、异味、带有毒性和腐蚀性商品的车厢，必须经彻底清洗和消毒后，方可装运，运输过程中，严防雨雪和潮湿。

贮藏前要进行严格检查，对水分、不完善粒和杂质等超标的杏仁，必须经晾干和挑选，符合质量标准后方可入库。严谨与有毒物品和花椒、大料、葱蒜、汽油、酒等带有异味或有腐蚀性商品存放在一起。库房要求干燥、通风、阴凉、在库内采用单行码垛存放，中间留出通道。贮藏期间要经常进行检查和开窗通风、保持清洁的卫生、注意防虫、防鼠。

### 四、仁用杏果肉保鲜贮藏

仁用杏去仁后有大量的、具有很高经济价值的剩余物（如杏肉、杏核）可进行综合加工利用，其中杏肉是主要的剩余物产品。一般甜仁杏每生产 1.0kg 杏仁就有约 6.5kg 的果肉，约 1.0kg 的核壳剩余物被生产出来。仁用杏果肉含有丰富的营养物质，可以加工成多种食品。但仁用杏杏果极不耐贮而且成熟期集中，正值雨季，为果肉的加工利用带来困难。因此可采用冷库保鲜贮藏法进行储藏以延长保鲜期，提高其复合经济价值。

目前，对仁用杏杏果贮藏最有效的贮藏保鲜技术是低温贮藏。即将分离的杏果肉置于冷库中保存。低温可以降低杏肉的呼吸强度，抑制微生物的活动、保持杏肉的新鲜状态，低温贮藏可使新鲜杏肉的保存期延长 30~40 天以上。杏肉的低温贮藏的温度范围为 -0.5~0.5℃，相对湿度为 80%~90%，较大型的果脯加工厂应设有一定库容量的机械冷藏库。

## 五、仁用杏综合加工利用

### (一)仁用杏油脂精炼技术

杏仁油富含丰富的不饱和脂肪酸、维生素、矿物质等，是优良的木本食用油。其油脂提取主要通过物理压榨、超临界 $CO_2$ 萃取等技术来获得毛油。超临界 $CO_2$ 萃取成本较高，但得油率高，油品纯度高，是新型的提取方向；物理压榨方法是传统的提取方法，虽然得油率低，油品纯度不高，但油品的香味醇厚，消费者青睐度高，物理提取方法在很多文献中均有记载，本文不再赘述，主要就毛油的精炼技术进行阐述。

杏仁毛油含有较多的杂质，如磷脂、游离脂肪酸、色素等，磷脂影响油脂稳定性和保存时间，游离脂肪酸会对人体产生不利的影响。因此，毛油还需要通过精炼除去这些杂质，获得味道纯正，颜色清亮的精炼杏仁油(彩图16)。

1. 杏仁前处理

①杏仁脱壳机脱壳，首先机器筛选，然后人工筛选得到脱壳杏仁；

②将杏仁倒入 90~100℃热水中 60~120s，转入凉水冲击冷却2~5min；

③将杏仁倒入脱皮机中脱皮，首先机器筛选，然后人工筛选得到脱皮杏仁；

④将脱皮杏仁倒入 90~100℃热水中浸泡 2~4h，反复进行 4 次，第二次浸泡 10~12h；

⑤将脱苦的杏仁倒入烘干池内，60~70℃，鼓风干燥。

2. 山杏油精炼方法

采用低温压榨法提取山杏油，压榨过程的物理压榨温度控制在 35~55℃之间。其操作流程(图6-1)如下。

①将毛油升温至 60~70℃，加入油重 0.1% 的 85% 的磷酸，反应 25~35min；

②取上清液，加入水约为油重的10%，匀速搅拌，转速40~50转/min，沉降2h；

③取上清液真空度为0.06~0.095MPa，温度为90~110℃，干燥；

④进入脱色罐，真空度为0.06~0.095MPa，温度为90~110℃，加入2%~4%的食用级活性白土，反应25~35min；

⑤打开循环过滤系统，进行循环过滤，至澄清为止；

⑥进入脱臭塔内，真空度为0.0002MPa，温度为220~240℃，反应2~4h；

⑦自然降温至150~170℃，通水加速降温至室温；

⑧通过布袋式过滤器进行抛光过滤，给予4kg的压力，进行过滤获得精炼杏仁油。

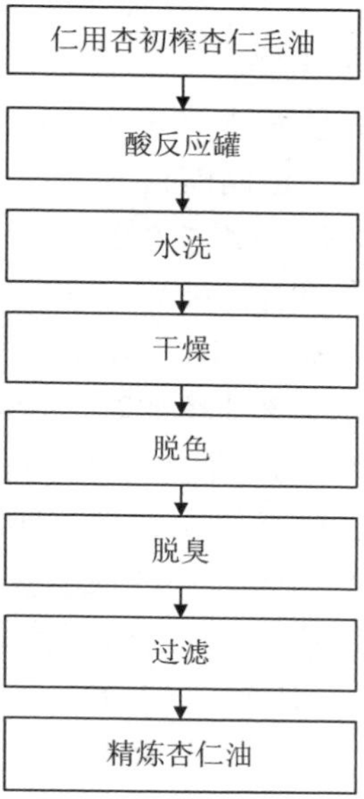

```
仁用杏初榨杏仁毛油
      ↓
    酸反应罐
      ↓
     水洗
      ↓
     干燥
      ↓
     脱色
      ↓
     脱臭
      ↓
     过滤
      ↓
   精炼杏仁油
```

**图6-1  仁用杏油脂精炼流程**

### (二)杏仁豆腐加工步骤

杏仁豆腐口感细滑、香甜，老少咸宜，是我国传统的甜点和地方小吃之一。杏仁豆腐的主要配料是杏仁，但因形似豆腐而得名。其加工流程(图6-2、彩图16)如下。

1. 杏仁处理

杏仁既可采用甜杏仁也可采用苦杏仁。甜杏仁不需要脱苦，直接可以进行下一步流程；若采用苦杏仁需要进行脱苦工艺。将杏仁放入清水中浸泡30min，然后将杏仁放入开水中，按照 $V_{开水}:V_{杏仁}=2:1$ 的比例充分搅拌均匀，沸水煮1min，迅速捞出放入冷水中冷却，按照 $V_{冷水}:V_{杏仁}=4:1$ 的比例浸泡10min；利用脱皮机脱去种皮，放入90~95℃的热水中浸泡2h，重复3~4次，然后将杏仁80℃烘干

3.0~3.5h，改成冷风吹0.5~1.0h干燥，至杏仁温度降至室温，使其含水率≤7%（含水率测定方法同前）。

2. 精制杏仁粉

将杏仁破碎过50目筛，进行超临界$CO_2$萃取杏仁油，使杏仁粕中含油率≤2%，然后对杏仁粕进行超微粉碎，过300目筛，使杏仁粉粒径≤50μm，得到精制杏仁粉；或者采用提取杏仁油后的粉粕进行烘干、过筛得到精致杏仁粉。

3. 杏仁蛋白粉溶液的制备及均质化

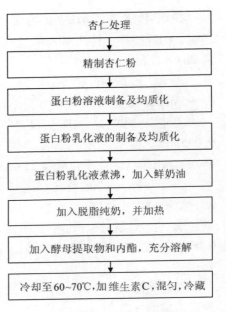

图6-2 杏仁豆腐加工流程

每份取精制杏仁粉10~35g，加水100ml溶解，然后加入10~15g蛋清粉，搅拌溶解，得到杏仁蛋白溶液。

4. 杏仁蛋白粉乳化液的制备及均质化

取水150ml、白糖25~40g或木糖醇20~35g以及食用琼脂粉1~5g混合，搅拌加热，混合均匀后加入杏仁蛋白溶液，再加入杏仁油或橄榄油1ml，得到杏仁蛋白粉乳化液。

5. 将杏仁蛋白粉乳化液煮沸后加入鲜奶油

取水150ml、白糖25~40g或木糖醇20~35g以及食用琼脂粉1~5g混合，搅拌加热，混合均匀后加入杏仁蛋白粉溶液，再加入杏仁油或橄榄油1ml，得到杏仁蛋白粉乳化液。

6. 向步骤（5）得到的产物中加入脱脂纯奶，并加热：向步骤（5）加入160~240ml脱脂纯奶，加热5s，避免沸腾。

7. 向步骤（6）中得到的产物中加入酵母提取物和内酯，充分溶解：将1g内酯放入盆底，然后将步骤(6)的混合溶液倒入盆中，继续搅拌，充分溶解。

8. 向步骤(7)中得到的产物冷却至60~70℃，再加入维生素C，充分混匀，冷却后冷藏。

### （三）牛奶杏仁露

牛奶杏仁露是以山杏仁蛋白原浆和脱脂牛奶为主要原料，并加入维生素C和富含B类维生素的酵母提取物，将植物蛋白与动物蛋白两种优质蛋白协同应用而成的蛋白饮品。牛奶杏仁露兼具动物蛋白和植物蛋白、营养丰富、口感细腻纯正、味美香甜、绿色营养健康，带有苦杏仁特有的香味并融合牛奶的奶香，口感细腻纯正，味美香甜，是人们日常生活中的营养健康佳品。制作流程（图6-3、彩图16）如下。

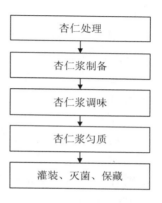

图6-3　牛奶杏仁露加工流程

1. 杏仁处理：杏仁即可采用甜杏仁也可采用苦杏仁。甜杏仁不需要脱苦，直接可以进行下一步流程；若采用苦杏仁需要进行脱苦工艺处理，苦杏仁脱苦方法同前；

2. 制备杏仁浆：按照杏仁:水 = 1:4~6 的质量体积比进行研磨，过滤，滤渣回收重新研磨，得到杏仁浆液；

3. 按照杏仁浆液:脱脂牛奶 = 2:1~1.5体积比并加以木糖醇、单甘酯、海藻酸钠、磷酸二氢钾、维生素C和酵母提取物，充分搅拌10~15min；

4. 将步骤制得的混合液送入均质机进行均质；

5. 罐装、灭菌，制得牛奶杏仁露饮料。

### （四）杏仁果冻

杏仁果冻是以苦杏仁蛋白原浆和脱脂牛奶为主要原料，并加入维生素C和富含B类维生素的酵母提取物，汇聚植物蛋白和动物蛋白两种优质蛋白的理想蛋白质补充食品。该产品营养丰富、口感细腻香甜，深受儿童、青年女性和中老年消费群体喜欢。制作流程（图6-4、彩图16）如下。

1. 杏仁处理：杏仁即可采用甜杏仁也可采用苦杏仁。甜杏仁不需要脱苦，直接可以进行下一步流程；若采用苦杏仁需要进行脱苦工艺处理，苦杏仁脱苦方法同前；

2. 精制杏仁粉的方法同前所述；

3. 将步骤制得的精制杏仁粉 50~70g，加水 200ml 溶解，用 300 目筛网过滤得到杏仁蛋白粉溶液；向蛋白溶液中加入 100~120g 脱脂奶，搅拌加热微沸即停，继续搅拌温度降至 70~80℃，得到料液一；

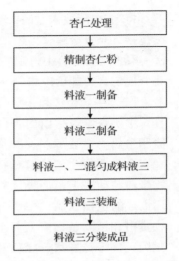

图6-4 杏仁果冻加工流程

4. 取水 100ml、木糖醇 0~30g、蜂蜜 10~20g、卡拉胶 1~5g、魔芋粉 1~5g、乳酸钙 0.5~1.0g、山梨酸钾 1~2g，加热并搅拌至 50~60℃，使其完全溶解，得到料液二；

5. 将料液二加入到料液一中进行均质化处理，温度降至 40~50℃加入柠檬酸 1~1.5g、维生素 C 重量 0.3~0.5g、酵母提取物 0.3~0.5g 继续搅拌，得到料液三；

6. 将料液三倒入容器中贮存封口，得到果冻半成品；

7. 将果冻半成品放入 80~90℃热水中浸泡 20~30min，然后取出装入果冻盒，得到果冻。

**（五）杏仁冰淇淋**

冰淇淋是一种极具诱惑力的美味解暑佳品，而今，绿色、营养和健康的饮食观念深入民心，人们对冰淇淋的作用不仅仅局限在解暑方面，而是已经实现了周年化供应的局面，深受年轻消费群体的喜爱。杏仁冰淇淋是在动物蛋白牛奶的基础上，添加了杏仁蛋白，是的冰淇淋保持原有的细腻润滑口感同时，降低了冰激凌的脂肪含量，兼有杏仁独特味道的新型冰淇淋品种。制作流程（图6-5、彩图16）如下。

1. 杏仁处理：杏仁即可采用甜杏仁也可采用苦杏仁。甜杏仁不需要脱苦，直接可以进行下一步流程；若采用苦杏仁需要进行脱苦工艺处理，苦杏仁脱苦方法同前；

2. 精制杏仁粉的方法同前所述；

3. 水果干或水果的浸泡与清洗：将水果干进行清洗或者新鲜水果切成丁备用；

4. 冰淇淋乳化液的制备及均质化：将步骤2制得的杏仁粉10～

**图6-5 杏仁冰淇淋加工流程**

35g、白砂糖25～40或木糖醇20～35g、脱脂奶50ml倒入锅中，搅拌混匀，再加入150ml脱脂奶，放在火上缓慢加热；边加热、边搅拌，使其受热均匀，微沸即刻停火，继续搅拌使其混合均匀；

5. 冰淇淋乳化液的油化及冷藏：添加杏仁油或者香草油1～2ml，放入4℃冰箱冷藏10min；

6. 冰淇淋调制液的制备：将鲜奶油80～140ml、白砂糖25～40g或木糖醇20～35g、杏仁油1～2ml、蛋清粉10～15g、酵母提取物0.02g、维生素C 0.1g混合后，用打蛋器快速搅拌3.5min。

7. 冰淇淋乳化液、调制液与水果或水果干的均质化及冷冻成型：将步骤5和步骤6混合，加入步骤1的水果干，搅拌均匀，用挤奶油的裱花袋将冰淇淋挤入冰淇淋杯冷冻，或者倒入冰淇淋模具杯中，盖上盖子插好手持木柄，放入－4℃冰箱中冷冻2h，将模具杯放入温水中浸泡5s，然后取出，轻拔，冰淇淋就轻松脱离模具，便可食用。

（六）杏仁蛋白挂面

杏仁蛋白挂面是以优质小麦面粉为主，以西伯利亚杏仁蛋白为辅料，增加了杏仁蛋白特有的香味，同时使挂面的蛋白含量增加，成为风味、营养、保健俱佳的挂面。制作流程（图6-6）如下。

1. 混粉：粉碎好的杏仁蛋白与面粉按照5:100的比例混匀；

2. 和面：将混合均匀的混合粉置于和面机种加入水混合搅拌，水为浓度为2%的盐水，加入水的量与混合粉的比例为15～25:50，搅拌15～25min，充分混合搅拌得到面团；

3. 熟化：将混合均匀的面团在熟化器中搅拌熟化15～25min；

4. 压延：将熟化好的面团进行准入到缓冲器中，通过压面机，经过8道旋转的轧辊，轧辊的转速约为0.5m/s；

5. 成型：将面饼通过压延至2～2.5mm，经过排刀将面条切成型；

6. 冷风干燥：将切成型的面条悬空，用15～30℃冷风，15～20min；

7. 热风干燥：经冷风干燥后的面条转入45～55℃热风，4～6h；

8. 冷却干燥：将面条冷却干燥至含水量约10%；

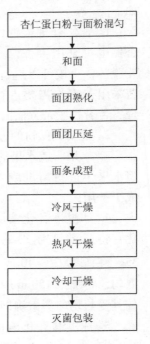

图6-6 杏仁蛋白挂面加工流程

9. 灭菌包装：将干燥好的面条通过紫外灭菌，包装。

（七）杏脯

杏脯是很多地方的传统小吃。利用仁用杏杏核加工后的杏肉剩余物加工杏脯可有效提高仁用杏产品的附加值。制作流程（图6-7）如下。

**1. 传统杏脯**

（1）工艺流程和操作要点

①选料：供制脯的杏应于八成熟时，即杏果绿色褪去，但肉质尚硬时采收，拣除病虫果，软烂果和伤残果。

②清洗：用清水冲洗果面，去除污垢。

③切果：用小刀沿缝线将杏果切成两半，去除杏核，所得两片杏肉称为"杏碗"和"杏坯"。

④熏硫或浸硫：将杏碗核窝面向上摊放在笼屉上，送入熏硫室熏硫，每100kg杏碗用硫黄0.5kg，熏3~4h至杏碗上有水珠，杏肉至淡黄色为止。也可用0.2%~0.3%的亚硫酸氢钠溶液浸泡1h。

⑤浸糖：将熏过硫的杏碗在30%的糖水中浸泡8h，糖水中加0.1%的亚硫酸氢钠。

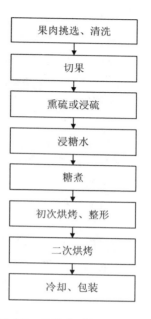

图6-7 传统杏脯加工流程

⑥糖煮：将杏碗自30%的糖水中捞出，转到40%的沸腾糖液中煮制2~3min，然后连同糖液一起转至另一容器中浸泡12h。捞出杏碗再在50%的沸腾糖液中（可在原糖液中加糖调制）煮2~3min，再浸泡12h。

⑦烘烤：捞出杏碗，核窝朝上摊放在笼屉上，在60~70℃的烤房中烘烤8~12h。

⑧修整：将杏碗捏成扁平形，对不规则的加以修整，便成规则的近圆形。

⑨第二次烘烤：在60~65℃的温度下再次烘烤，至杏肉含水量至18%~20%，表面不粘手为止，在烘烤过程中注意温度不可过高，并应翻动1~2次，以避免焦煳。

⑩包装：待杏脯冷却后，按规格装入塑料食品袋中，再装入包装纸盒内。

（2）质量要求

成品杏脯要求色泽金黄或橙黄无杂色，形状整齐，半透明，薄厚一致，酸甜适口，有杏果的独特香气，质地柔软而有韧性。不粘手，不返糖（没有糖结晶析出），无杂质。含糖 55%~65%，含水18%~20%，含硫 0.15%~0.2%，重金属离子和微生物符合食品卫生标准。

2. 包仁杏脯

包仁杏脯是一种包有甜杏仁的杏脯，不仅有酸甜的果肉，而且包有香脆的杏仁，具独特风味。制作流程（图6-8）如下。

（1）工艺流程和技术要点

①选料：选用大果、黄肉、肉厚、离核的甜杏仁为加工原料。于八成熟时采收，去除病果、伤残和软烂果。

②洗涤：用清水洗掉果面污垢。

③去皮：将洗好杏果放入95℃的 4%~5%的氢氧化钠（大碱）溶液中处理 0.5~1min，充分搅拌，脱去果皮，捞出后用水冲洗果面，去除碱和残余果皮。

④除核、取仁：用小刀沿杏果缝线处一分为二，取出杏核。立即将果肉浸入 0.2%的亚硫酸氢钠溶液中护色。将杏核砸开，取出杏仁、剥去种皮，立即浸泡在 0.5%~1%的食盐水中24h，除去苦涩味。捞出用清水洗干净，低温保留备用。

⑤杏肉保脆处理：为提高杏肉的耐煮度，增加脆度和韧性，将杏果从亚硫酸氢钠溶液中捞出后浸泡在3%~10%的氯化钙溶液中，处理6h，捞出后用水漂洗干净。

⑥糖煮壳肉：将杏肉放入沸腾的30%的

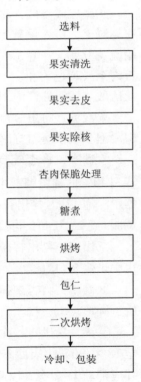

选料

↓

果实清洗

↓

果实去皮

↓

果实除核

↓

杏肉保脆处理

↓

糖煮

↓

烘烤

↓

包仁

↓

二次烘烤

↓

冷却、包装

**图6-8 包仁杏脯加工流程**

糖浆中煮1~2min，捞出后浸入低温的30%的糖浆中（率先在冷藏箱中保存，维持在1~5℃），使果肉迅速降温至25~30℃。调整糖液至45%，煮沸后将冷却好的杏肉加入，煮1~2min，捞出后浸在低温的45%糖液中，降温至25~30℃，调整糖液至55%，煮沸，再将冷却好的杏肉放入，煮1~2min，捞出放在低温的55%的糖液中冷却至25~30℃，捞出，滤尽糖液。

如无快速冷却条件，可在每煮完一个糖度后于相应浓度的25~30℃的糖液中浸泡24h。再煮下一个浓度。

⑦烘烤：将煮好的杏肉核窝朝上摊子笼屉上，在烤房内烘烤12~24h。先用45℃温度，逐渐升至55℃后再降至50℃，将杏肉烘至不粘手的程度。

⑧包仁：用烘烤好的杏肉，每两片包1~3个事先准备好的甜杏仁，并捏成饼状。

⑨再烘烤：将包好杏仁之杏果，再烘烤2~4h。

⑩包装：烘好之杏脯，待冷却后，整形用玻璃纸包装成块，似糖果状，再装成一定重量的袋或盒。

（2）质量要求

包仁杏脯应鲜艳透明，色泽金黄，杏仁黄中透白，与杏肉界限分明。果肉脆韧适度，酸甜适口，杏仁甜中带香。无异味，其余要求同杏脯。

**（八）糖水杏罐头**

仁用杏中的一些肉仁兼用的品种杏果肉厚、粗纤维少、肉质粗而韧、杏味浓厚，可利用果肉加工成糖水罐头，提高仁用杏产品附加值。制作流程（图6-9）如下。

1. 工艺流程和技术要点

（1）选料：适合加工糖水罐头的杏应当是个大、直径不少于35cm，同整、肉厚、粗纤维少，果肉金黄色、肉质细而韧、离核、杏味浓厚的品种。制罐头的杏，应于八成熟时采收。拣除病虫和残次果、过生和过熟果，果面有较大伤疤（疤伤或虫口咬伤）者也应

剔除。

（2）清洗：用清水冲洗果面，去除尘土和污垢。

（3）切半：用小刀沿缝线将杏切成两片，取出杏核。整果杏罐头免去此步骤。

（4）去皮：将杏肉在98℃的6%~8%氢氧化钠溶液中处理30~50s。不断搅拌，使去皮干净、彻底。捞出后用水冲洗干净。碱液浓度和处理时间视果实成熟度而定，成熟度较高时，宜高浓度，短时间；反之，则可用较低浓度，延长处理时间至1min。处理原则以去皮干净，不使果肉软烂为度。整果处理时也应适当降低碱浓度而延长时间，否则缝线的果皮不易去掉干净。

（5）修整：经去皮的杏果和杏片，用清水洗净后置于1%~1.5%的食盐水中护色，并用小刀剔除果面疵点、残余果皮和毛边，使杏片边缘和核窝处整齐。

（6）预煮：将经修整之杏片在沸水中煮3~5min，以煮透但不煮烂为度。有真空封罐设备的、可免去预煮程序，直接生装。

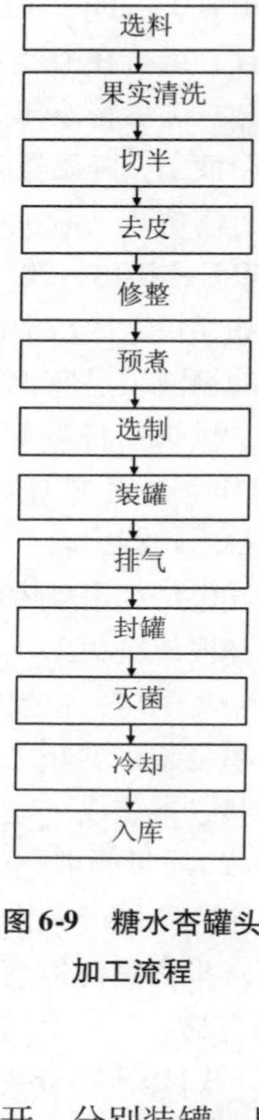

（7）选制：将果块按大小、色泽和成熟度分开，分别装罐，剔除过生和软烂果片。

（8）装罐：按瓶型分装，胜利瓶每瓶装果片300g，注入25%~35%糖浆200g。装罐前，玻璃瓶、瓶盖、胶圈均在沸水中消毒5min。

（9）排气：将装好原料的玻璃瓶，放在排气箱中，通过蒸汽，时间5~15min，至罐中心温度达到85℃以上为止。

（10）封罐：将瓶盖放正，压紧。用封盖机封口。真空封罐时，

选料

果实清洗

切半

去皮

修整

预煮

选制

装罐

排气

封罐

灭菌

冷却

入库

**图6-9　糖水杏罐头
加工流程**

真空度应不低于400mmHg。

（11）灭菌：将封好的罐头，在沸水中煮沸10～20min。

（12）冷却：灭菌后将罐头分段冷却（80℃→60℃→40℃），至罐心温度降到40℃以下。不可一次用冷水降温，以防炸罐。

（13）入库：在库温20℃的仓库中保存1周，发现有密封不良者（胀罐）及时剔除。经检查合格后即可出库。

2. 质量要求

（1）果肉呈黄色或橙黄色，同一罐中色泽一致。糖水透明，允许有不引起浑浊的少许果肉碎屑。

（2）具有品种的独特风味，无异味。

（3）果肉组织软硬适度，块形或果形（整果罐头）完整。同一罐内大小一致，无机械伤及虫害斑点。

（4）果肉占净重的55%以上，糖水浓度14%～18%（折光度）。

（5）重金属和微生物符合卫生标准。

**（九）杏果酱**

随着西点在我国的盛行，青少年消费群体对果酱的需要大幅度提高，杏酱口感好，酸度大，天然防腐性能突出，矿质元素丰富等，受到消费者喜爱。制作流程（图6-10）如下。

1. 工艺流程和技术要点

（1）选料：加工杏酱的杏果应在八九成熟时采收。过早不仅酱体色泽浅淡、而且稀薄不黏。但也不可过晚，过熟杏果制酱也不容易形成凝胶状。

（2）清洗：用清水洗掉果面泥土污垢。

（3）切半去核：离核杏用小刀沿缝线切开两片，取出杏核。黏杏核可用切片机切开，

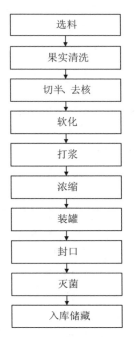

**图6-10　杏果酱加工流程**

用挖核器取出杏核，剔去果面斑点，并置于1%~1.5%的食盐水中护色。

（4）软化：将杏片置于夹层锅中，加10%~20%的清水煮10~15min，随时翻动，使杏片软化，以利打浆。

（5）打浆：用孔径0.7~1mm的以打浆机打浆1~2次。

（6）浓缩：按原料重的80%加糖。先将糖配成75%的糖浆，煮沸、过滤、浓缩成80%的糖浆。再将打好之杏浆浓缩10~20min后加入热糖浆继续浓缩。浓缩过程中，应不断搅拌，以免糊锅。浓缩至可溶性固形物达66%（折光度）时即可出锅。

（7）装罐：按罐形分装。装罐温度应不低于85℃。铁罐宜用抗酸涂料铁，使用前应清洗消毒。用四旋瓶装时，所用瓶盖、垫圈也应在沸水中煮过或用70%酒精消毒。装好后，瓶口应无残留果酱。

（8）封口：装罐后立即封口、温度应不低于80℃。四旋瓶装应逐个检查封口质量。

（9）灭菌：在沸水中或蒸汽中升温5min，达100℃，保持15min。然后用冷水冷却，铁罐一次冷却至37℃以下。玻璃瓶分段降温冷却。

（10）入库：冷却后之果酱罐头，应在20℃仓库内贮放1周，经检查合格符合质量标准即可出库。

2. 质量标准

（1）酱体成黄色。金黄色或橙黄色，色泽均匀一致。

（2）具有杏果酱应有的香气和风味，酸甜适口、无异味。

（3）酱体细腻至胶黏状，能徐徐流散，无杂质、无糖结晶。

（4）可溶性固形物（折光度）不低于65%。

（5）重金属和微生物符合食品卫生标准。

**（十）杏果汁**

杏肉具有独特的风味，有机酸、微量元素、矿质元素，尤其是维生素含量极为丰富，是制作浓缩果汁的理想原料。制作流程（图6-11）如下。

1. 工艺流程和技术要点

（1）选料：做杏汁的杏果应于充分成熟时采收，剔除病虫果、腐烂果。

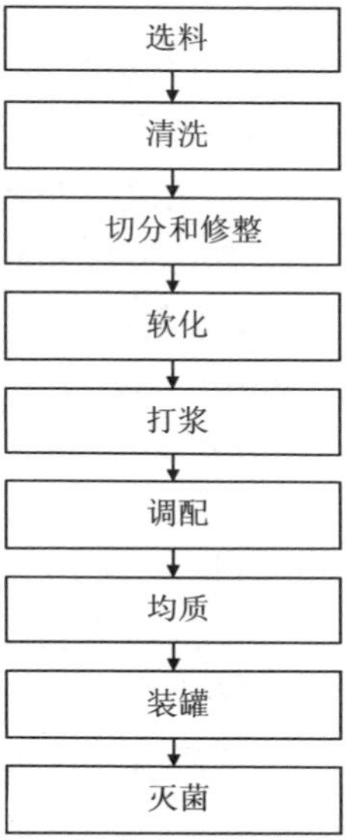

（2）清洗：用清水洗净果面污垢，并用流水冲干净。

（3）切分和修整：离核杏用小刀沿缝线切开、取核，黏核杏用切分机切开，用挖核器挖出杏核。杏肉在 1%～1.5% 的食盐水中护色。切除杏肉上的疵点、疤痕、残留果梗等。

（4）软化：取 55kg 浓度为 22.5% 的糖液过滤，加热至沸，倒入 45kg 杏肉，煮 3～10min，充分搅拌，使杏片软化。

（5）打浆：用孔径为 0.5～1mm 的打浆机连续打浆两遍，用纱布过滤，去除渣和粗纤维。

（6）调配：用过滤的 70% 糖浆调整果汁的糖度至 17%，用柠檬酸调整果汁酸度为 0.5%。

| 选料 |
| 清洗 |
| 切分和修整 |
| 软化 |
| 打浆 |
| 调配 |
| 均质 |
| 装罐 |
| 灭菌 |

**图 6-11　杏果汁加工流程**

（7）均质：调配好的杏汁在 140～180kg/cm² 的压力下进行均质。

（8）装罐：均质后的杏汁在夹层锅中迅速加热至 75～80℃，搅拌均匀去除泡沫，趁热立即装罐（瓶），装罐温度不低于 70℃，装罐后立即密封。铁罐、玻璃瓶、瓶盖等均应事先洗净消毒。

（9）灭菌：装好后用沸水灭菌，200g 罐升温 2min，在 100℃ 下保持 4～6min。425g 罐升温 2min，在 100℃ 下保持 5～8min。灭菌后铁罐迅速冷却至 37℃，玻璃瓶分段冷却。

2. 质量要求

（1）成品为深黄色或橙黄色。

（2）具有杏汁的固有风味和香气、无异味。

（3）汁液浑浊均匀，无杂质、久置之后允许有少量沉淀。

（4）原果汁含量不低于 45%，可溶性固形物为 15%～20%，总酸

0.5%~1%（以苹果酸汁）。

（5）重金属和微生物符合食品卫生标准。

**（十一）杏话梅**

1. 工艺流程和技术要点

加工流程见图6-12。

（1）选料：于七八成熟时采收。去除病虫、残伤、腐烂果。

（2）初次清洗：用清水冲洗，务必将果面污垢洗净。

（3）精细清洗：按每100kg杏加食盐18~20kg的比例在大缸或水泥地中进行腌制。一层果一层盐，散布均匀。成熟度高的多加些盐，务使杏肉迅速凝固，防止软化。成熟度低的可适当少加盐。每3~5天翻动1次，一般腌7~10天即可，视杏果大小而定，最长不超过1个月。

（4）干制：把腌过的杏放在草席上或水泥场面上晾晒，或放在烘干室中烘干（不超过50℃）。晾晒时要摊放均匀，并经常翻动，但不可碰伤果皮，至晾干为止。烘烤的不如晒干的鲜亮。

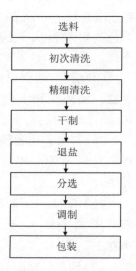

图6-12　杏话梅
加工流程

（5）退盐：干制后杏果可贮存备用，等加工时取出放在水泥池中用水浸泡48h，每2~3h换一次水，至基本无咸味为止。

（6）分选：退盐后选除破烂、霉变果，按大小分类。

（7）调制：先把杏放在盆中喷洒添加剂。喷洒要均匀，然后晒干（添加剂的配制：甘草2kg，加清水12~14kg，熬2次，合并过滤，得干草液10kg。加入柠檬酸50g，搅拌溶化即可）。再把食盐1.5kg用水3~3.5kg化开，喷洒杏果表面，务必使着盐均匀。然后在阳光下暴晒，使之干燥（或在烘干室中迅速烘干）。最后，每100kg杏脯喷100g香兰素，喷布要均匀。

(8)包装：喷香兰素之后立即用塑料袋包装，以免香气挥发，亦可直接向包装袋中喷洒。一般每袋25g，装好后立即烫封，外加包装纸盒。

**2. 质量要求**

(1)大小均匀一致，色泽土黄，表面起皱纹，并有白霜。

(2)具有香、甜、酸、咸味道，无异味。

(3)含水16%~18%，食盐2.3%~3%，糖精不超过0.1%。

## (十二)杏青梅

**1. 工艺流程和技术要点**

加工流程见图6-13。

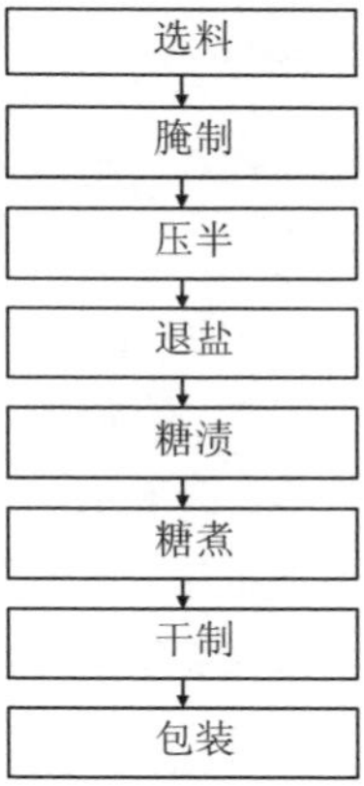

(1)选料：选用大果、肉厚、核小、离核、酸味重的杏品种。干杏果硬核后达五六成熟，绿色尚浓时采收，拣出病虫、伤残果。

(2)腌制：在大缸或水泥池中按100kg杏果加盐18~20kg的比例，一层杏一层盐放好，加清水至不露杏为止，腌7~10天。

(3)压半：将腌的杏用两块木板压开两片，取出杏核，拣出果柄。

(4)退盐：将压好之杏片放入缸中加清水浸泡2h，换3~4次水，使杏片达到基本无咸味为止。最后一次换水后，每100kg杏加亚硫酸氢钠60g、明矾1kg，以增加透明度、硬度和光泽。

(5)糖渍：100kg杏加糖65~70kg。在大缸中一层杏片一层糖放好，糖渍24h。使杏片充分吸糖。

| 选料 |
| 腌制 |
| 压半 |
| 退盐 |
| 糖渍 |
| 糖煮 |
| 干制 |
| 包装 |

**图6-13 杏青梅**
**加工流程**

(6)糖煮：把糖渍杏片连汤放入锅中煮沸，再连汤一起放入缸中糖渍24h，如此反复3~4次。第一次煮时，每100kg杏片加柠檬黄加靛蓝各10g、明矾300g，以增加青气和亮度。每次煮时应注意溜缸(将缸中的杏片掏空，将糖液向四周流下，使受热均匀，防止中心

温度过高而变色)。

(7)干制:将煮好的杏片,置于阳光下晾晒、干燥或在烘干室烘干(50~60℃),每小时翻动一次,使干燥均匀一致。一般烘烤8~9h,使含水量达到16%~18%为止。

(8)包装:250g或500g塑料袋装、封口后装箱。

2. 质量要求

(1)色泽翠绿、无花盖,块形整齐,碎渣不超过2%,无残余杏核。

(2)含糖饱满,无杂质,含硫量不超过0.2%,重金属和微生物符合食品卫生标准。

**(十三)杏干**

杏干是新疆地区维吾尔族群众传统的食品,具有口感香甜、货架期长、营养丰富等特点,极大地丰富了当地群众的副食种类。在新疆制作杏干的主要原料为'树上干杏'品种,制作方法也极为简单,即采摘成熟的'树上干杏'经精选、清洗后进行天然晒制即成。本文主要介绍加工杏干的工艺。工艺流程(图6-14)如下。

1. 工艺流程及操作要点

(1)选料:杏果宜于八九成熟时采收。去除病虫果、伤残果和腐烂果,按大小分类。

(2)果实清洗:用流水洗去果面泥沙、污物。

(3)切半、去核:沿缝线用小刀切开两片,取出杏核,杏核在1.5~3%的食盐水中护色。

(4)熏硫:将杏碗置于筛盘中,核窝向上。摊放均匀。在熏硫室中按100kg杏,用硫黄300g的比例,熏蒸3~4h,至杏碗中有水珠出现,果肉透明,果皮呈乳白色时为度。

(5)干制:将熏过硫的杏碗置于阳光下

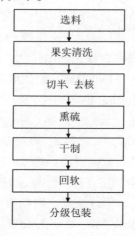

**图6-14 杏干加工流程**

暴晒干燥，或在烤房中烘烤，烤房初始温度为 50~60℃维持 2~3h后，逐渐升温到 60~70℃ 但 10~12h，含水量 16%~18% 为止。一般出干率为 5:1，烘烤过程中应通风排潮。

（6）回软：将烘烤之杏干、装入木箱中盖严，使之回软，达到内外水分均匀。一般回软 3~4 天即可。

（7）分级包装：按大小、厚薄和色泽分级包装，剔除碎片和色泽不良者。

2. 质量要求

（1）形块整齐，色泽鲜亮、橙黄色、半透明，质地柔软有弹性。用手握后能自然松开，彼此不粘连。

（2）含水量不高于 16%~18%，用手捏无汁液渗出。含硫量不超过 0.1%。

（3）重金属和微生物符合食品卫生标准。

**（十四）果丹皮**

1. 工艺流程和技术要点

加工流程见图 6-15。

（1）选料：果实在充分成熟时采收，去除病虫腐烂果。

（2）清洗：用流水洗净果面泥土和污垢。

（3）切分、取核：离核杏用小刀沿绿线切开，取出杏核。黏核杏用切片机切开，取出杏核，杏肉在 1%~1.5% 的食盐水中护色。

（4）煮制：在砂锅或不锈钢中，1kg 杏果加水 0.5kg，煮制烂熟。

（5）打浆：在非铁质容器中将煮熟之杏肉捣烂，便成均匀细腻的果泥。

（6）干制：把果泥倒在钢化玻璃上，用木刮子刮压、摊平。厚度为 0.2~0.5mm。要求厚薄均匀一致。摊好后放在烈日下暴晒，或在烤房中烘

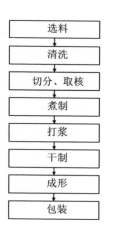

**图 6-15　果丹皮加工流程**

干(55~60℃)，直到表面起皱纹，不黏手时移到阴凉处回潮。

（7）成形：用小刀剥起皮的边缘，轻轻揭开，折叠并切成块状，条状或卷成棒状。用玻璃纸包装。

2. 质量要求

色泽橙黄，半透明，不黏手，稍有韧性，无杂质，甜酸适口，有杏果香气，无异味。符合食品卫生要求。

**（十五）杏果醋**

仁用杏杏核加工剩余物杏果肉富含有机酸、微生物及多种微量元素，利用杏果肉内生真菌，添加适量的助剂能制成钠含量在2800.0mg/L、磷含量在123.0mg/L及氨基酸含量在200.1mg/L的杏果醋，其产品 pH 值低至 3.0 可经久放置不变质，其口感醇厚，果香丰富，酸甜适口，老少皆宜。工艺流程（图6-16）如下。

1. 工艺流程和技术要点

（1）选料：在杏果果实充分成熟时采收，去除病虫腐烂果。

（2）清洗和晾干：用流水洗净果面泥土和污垢，放置阴凉干燥处晾干。

（3）灭菌：用紫外线封闭灭菌 8~12h。

（4）杏核分离和果肉绞碎：将杏果肉和杏核分离后，将果肉进行绞碎或破壁粉碎。

（5）酒精发酵：按照果肉:蔗糖 = 5:2 的重量比混合均匀，每隔2h 搅拌一次，直到蔗糖充分溶解；按照比例 0.2g/100ml 添加酿酒酵母并搅拌均匀，设定保持环境温度在 28~30℃，每隔6h 充分搅拌一次混合液，至少重复 3 次，保证酵母菌充分活化；保持环境温度在35℃左右静止发酵 3 天，使酿酒酵母加快繁殖。

（6）醋酸发酵：在（5）培养基中添加浓度为 1.0mg/100ml 的醋酸菌并搅拌均匀；保持环境温度在 33 ± 2℃持续至少 5 天；将环境温度保持在 25 ±2℃至少发酵 45 天。

（7）澄清原浆：用 0.05% 的壳聚糖澄清发酵液。

（8）灌装和贮藏：根据条件选择合适的灌装容器，放置在阴凉干

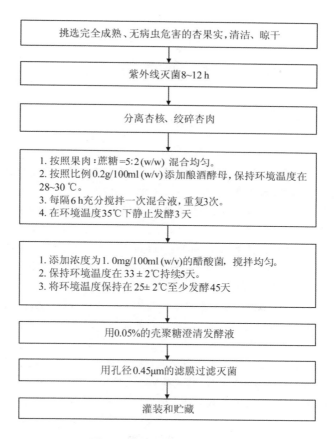

**图 6-16　仁用杏果醋加工工艺**

燥处贮藏保存。

2. 质量要求

(1)成品为淡黄色或橙黄色液体。

(2)醋酸浓郁，具有杏汁的固有风味和香气。

(3)汁液清澈无杂质、久置之后允许有少量沉淀。

(4)重金属和微生物符合食品卫生标准。

# 参考文献

包文泉．基于形态、叶绿体基因组及核基因组 SSR 的仁用杏分类地位研究［D］．北京：中国林业科学研究院博士学位论文，2017．

包文泉，乌云塔娜，王淋，等．野生杏和栽培杏的遗传多样性和遗传结构分析［J］．植物遗传资源学报，2017，（2）：201－209．

樊巍．优质高档杏生产技术［M］．郑州：中原农民出版社，2003：70－78．

傅大立，李炳仁，傅建敏，等．中国杏属一新种［J］．植物研究，2010，30（1）：1－3．

何小三．仁用杏营养诊断与配方施肥技术研究［D］．中南林业科技大学，2009．

姜仲茂．蔷薇科仁用核果类植物蛋白评价及产品开发研究［D］．长沙：中南林业科技大学硕士论文，2016．

姜仲茂，朱绪春，宋猜，等．4 种扁桃亚属植物种仁蛋白及其功能特性分析［J］．西北农林科技大学学报（自然科学版），2017，（3）：154－160，169．

李慧．仁用杏抗（避）倒春寒的栽培技术研究［D］．长沙：中南林业科技大学硕士论文，2016．

李慧，乌云塔娜，陈冬扬．"三北地区"仁用杏栽培区主要气候因子区划研究［J］．经济林研究，2015，33（4）：1－8．

李慧，乌云塔娜，刘慧敏，等．仁用杏花果期有效抵抗晚霜的方法研究［J］．经济林研究，2017，35（2）：10－17．

刘宁，刘威生，赵锋，等．我国仁用杏主产区生产发展概述［J］．北方果树，2004（增刊）：48－49．

刘小蕾，刘艳萌，张学英，等．西伯利亚杏的组织培养［J］．植物生理学通讯，2008，（3）：524．

宋猜．仁用杏花早期的解剖生理学及其分子基础的初步研究［D］．长沙：中南林业科技大学硕士论文，2016．

宋猜，尹明宇，姜仲茂，等．'优一'杏花芽分化特性及其与休眠期内源激素含量[J]．西北农林科技大学学报（自然科学版），2017，45（6）：170－176.

王江柱，席常辉．桃李杏病虫害诊断与防治原色图鉴[J]．北京：化学工业出版社，2014.

王利兵．木本能源植物山杏的调查与研究[D]．北京：中国林业科学研究院博士学位论文，2010.

徐梦莎，李芳东，朱高浦，等．水分胁迫对仁用杏苗期光合生理和生物量积累的影响[J]．热带作物学报，2016，37（4）：1－7.

徐梦莎，朱高浦，付贵全，等．氮磷钾缺乏对苗期仁用杏生长和养分吸收的影响[J]．西北农林科技大学学报（自然科学版），2017，（5）：81－90.

徐梦莎．叶片氮、磷、钾含量在甜仁杏童期向成年期转变中的生理作用[D]．北京：中国林业科学研究院硕士学位论文，2016.

尹明宇．内蒙古西伯利亚杏遗传变异及优良种源、家系、单株选择[D]．北京：中国林业科学研究院硕士学位论文，2017.

张加延，张钊．中国果树志·杏卷[M]．北京：中国林业出版社，2003.

张树林，田丽，刘梦培，等．洛阳仁用杏遗传多样性和遗传结构分析[J]．分子植物育种，2017，15（6）：2432－2439.

朱绪春．蔷薇科仁用核果类种仁油评价及开发利用研究[D]．长沙：中南林业科技大学硕士论文，2016.

朱绪春，姜仲茂，尹明宇，等．4种杏属植物种仁主要营养成分分析[J]．西北农林科技大学学报（自然科学版），2017，（3）：147－153.

Fu D, Ma L, Qin Y, et al. Phylogenetic relationships among five species of Armeniaca Scop. ( Rosaceae ) using microsatellites( SSRs ) and capillary electrophoresis [J]. J. For. Res. , 2016, 27（5）：1－7.

Zhao H, Zhou XX, Wuyun TN, et al. Two types of new natural materials for fruit [C]. Matec web of conferences：Materials science, Engineerting and Chemistry. 2017, 100：04006. Doi：10. 1051/matecconf/201710004006.

Zhao H, Diao SF, Liu PF, et al. The communication of endogenous biomolecules ( RNA, DNA, protein, hormone ) via graft union might play key roles in the new traits formation of graft hybrids [J]. Pak J. Bot. , 2018, 50（2）：128－132.

Liu MP, Du HY, Zhu GP, et al. Variety identification and genetic relationship analysis of Armeniaca cathayana in China based on SSR and ISSR markers [J]. Gene.

Mol. Res. , 2015, 14(3): 9722 –9729.

Zhang SL, Zhao H, Liu MP, et al. Genetic Diversity of Primary Core Kernel-Apricot Germplasms Using ISSR Markers [J]. Int. J Agric. Biol. , 2018, 40(2): 12 – 16.

Bao WQ, Wuyun TN, Li TZ, et al. Genetic diversity and population structure of Prunus mira (Koehne) from the Tibet plateau in China and recommended conservation strategies [J]. PLoS ONE, 2017, 12 (11): e0188685. https://doi. org/10. 1371/journal. pone. 0188685.

Xu MS, Zhao H, Zhou XX, et al. Responses of photosynthetic physiology and biomass accumulation of sweet kernel apricot (Prunus armeniaca × sibirica) seedling to soil drought stress in the ancient course of the middle Yellow River [J]. Taiwan J For Sci, 2016, 31(4): 271 –284.

Zhu GP, Zhao H, Zhou XX, et al. *Prunus domestica* × *P. armeniaca* cultivar Fengweimeigui: A New Natural Material for Fruit Wine [J]. Adv. J. Food Sci. Technol. , 2016, 10(4): 277 –280.

Zhu GP, Duan JH, Zhao H, et al. Apricot shell: a potential high-quality raw materials for activated carbon [C]. Adv. Mater. Res. , 2013, 798: 3 –7.

# 附表　仁用杏的周年管理工作历

| 时间 | 物候期 | 农事安排 |
|---|---|---|
| 11月至翌年3月 | 休眠期 | 清除枯枝落叶，病虫枝；刮树皮，涂白、防治腐烂病、根腐病等；冬季修剪，清除修剪枝条；全树及果园喷布3°~5°Bé石硫合剂或30%机油石硫(果树清园剂)300~600倍液；灌萌芽水 |
| 3~4月 | 开花期 | 果园放蜂或人工辅助授粉；预防晚霜危害。花芽膨大期追施速效氮肥并灌水，喷吡虫啉1次 |
| 4~5月 | 果实第一次速生期、新梢旺长期 | 追肥、灌水、除草、夏季修剪等田间管理；防治蚜虫、金龟子、蚧壳虫、杏仁蜂等害虫；防治杏疔病等病害 |
| 5~6月 | 果实膨大期、新梢旺长期 | 追肥、灌水、除草、夏季修剪等田间管理；防治蚜虫、红蜘蛛、椿象等害虫；防治炭疽病、褐斑病等病害 |
| 6~7月 | 果核采收、新梢旺长、花芽分化期 | 果实采收、追肥；预防红蜘蛛、赤蛾类等害虫；预防穿孔病、炭疽病、褐斑病等病害 |
| 7~8月 | 花芽分化期、营养积累 | 中耕除草、灌水、叶面喷肥、病虫害防治 |
| 9~10月 | 花芽分化期、营养积累 | 中耕除草、施基肥灌水；预防红蜘蛛、浮尘子、刺蛾类、舟形毛虫等害虫，白粉病、褐斑病等病害 |
| 10~11月 | 落叶期 | 灌封冻水、树干涂白、开展冬季修剪、深翻土壤等 |

注：以上工作历以黄淮流域为例，通常河北张家口、辽宁、内蒙古等地的物候期要比黄淮流域晚1个月左右，可适当参照本工作历进行。